U0272856

国家中职示范校数控专业课程系列教材

数控车床编程与模拟加工

SHUKONG CHECHUANG BIANCHENG YU MONI JIAGONG

姚光伟 主编

知识产权出版社
全国百佳图书出版单位

图书在版编目（CIP）数据

数控车床编程与模拟加工/姚光伟主编 . —北京:知识产权出版社,2015. 12
国家中职示范校数控专业课程系列教材/杨常红主编
ISBN 978-7-5130-3788-4

Ⅰ.①数…　Ⅱ.①姚…　Ⅲ.①数控机床—车床—程序设计—中等专业学校—教材　②数控机床—车床—加工工艺—中等专业学校—教材　Ⅳ.①TG519.1

中国版本图书馆 CIP 数据核字（2015）第 220980 号

责任编辑：吴晓涛

国家中职示范校数控专业课程系列教材

数控车床编程与模拟加工

姚光伟　主编

出版发行：知识产权出版社 有限责任公司		网　　址：http：//www.ipph.cn		
电　　话：010-82004826		http：//www.laichushu.com		
社　　址：北京市海淀区马甸南村 1 号		邮　　编：100088		
责编电话：010-82000860 转 8533		责编邮箱：sherrywt@126.com		
发行电话：010-82000860 转 8101/8029		发行传真：010-82000893/82003279		
印　　刷：北京中献拓方科技发展有限公司		经　　销：各大网上书店、新华书店及相关专业书店		
开　　本：880mm×1230mm　1/32		印　　张：4.5		
版　　次：2015 年 12 月第 1 版		印　　次：2015 年 12 月第 1 次印刷		
字　　数：108 千字		定　　价：20.00 元		

ISBN 978-7-5130-3788-4

牡丹江市高级技工学校
教材建设委员会

前　言

　　人才是我国经济社会发展的第一资源，技能人才是人才队伍的重要组成部分，技能型人才在推进自主创新方面具有不可替代的重要作用。当今世界各国制造业广泛采用数控技术，以提高制造能力和水平，提高对动态多变市场的适应能力和多变能力。为了更好地适应全国中等职业技术学校数控加工专业一体化教学要求，全面提升教学质量，适应劳动就业市场需求，特编写此书。

　　数控车床作为数控加工需求量最大的专业，受到了广大学生的青睐，对该专业的学习热情空前高涨，但是，数控车床专业的理论知识比较复杂，涉及面广泛，对于初学者，特别是中等职业院校的学生来说，难度可谓相当大。有些学生对于传统的教学方式已经不太适应，未等入门就迫不得已中途放弃或改学其他专业。面对这一现象，作为一线教学的老师来说，可谓是心痛、担忧。为改善这一现状，提高我国制造业的生产能力，迫使我们必须不断改进教学方法，寻求利用各种教学手段，以此适应我们的教学对象。通过近些年的实践，我们改变了以往的理论教学模式，由专门的理论教学转变为理实结合，再转变为理实一体化，最终转化为以职业活动为导向、以校企合作为基础、以综合职业能力培养为核心、理论教学与技能操作融合贯通的一体化教学模式。

　　在教材内容安排上，根据国家对中级数控车工的要求，结合企业对该岗位的技能需求、区域经济需求、以实用为原则，以技能为纽带，穿插相关理论知识，删繁就简，努力实现理论教学与实践教学融通合一、能力培养与工作岗位对接合一、实习实训与顶岗工作学做合一来选择教学内容。

　　本书的实例零件、练习零件都本着实用、经济、节约、高效的原则，尽可能重复利用，以减少不必要的浪费。本书适合中等职业院校数控车床专业入门学习或短期培训使用，亦可作为学生学习数控车床的自学用书。

全书共分为六个学习任务，主要学习台阶轴的编程与模拟加工、小锥度心轴的编程与模拟加工、皮带轮的编程与模拟加工、螺纹轴的编程与模拟加工、轴套零件的编程与模拟加工、综合件的编程与模拟加工等内容，并附有数控车工国家职业标准、各数控系统标准G代码表、数控技术常用术语。每个学习任务后面都附有学生自评表、学生互评表、教师综合评价表，可为教师评价学生综合职业素质提供参考。

本书在编写过程中得到了牡丹江技师学院杨常红院长、刘新主任、关向东主任、张志建主任、姚作林老师的大力支持和各位同人的鼎力相助。参加编写工作的还有陈鸣老师，在此对各位表示深深的谢意。

由于编者的水平有限，书中难免有不足之处，恳请各位不吝赐教。

编者
2015 年 6 月

目　　录

学习任务一　台阶轴的编程与模拟加工

学习目标

1. 能遵守机房各项管理规定，并规范使用计算机。

2. 能应用三角函数知识计算零件图样中的节点坐标。

3. 能根据零件图样合理选择切削用量。

4. 能应用笛卡儿坐标系判别数控车床的各控制轴及方向。

5. 能叙述工件坐标系与机床坐标系的关系，并能正确建立工件坐标系。

6. 能正确编制台阶轴工艺卡片。

7. 能正确运用编程指令，按照程序格式要求编制台阶轴加工程序，并绘制刀具路径图。

8. 能熟练应用仿真软件各项功能，模拟数控车床操作，完成台阶轴零件模拟加工。

9. 能根据模拟仿真结果完善程序。

10. 能够积极展示学习成果，通过小组讨论总结和反思学习活动，以提高学习效率。

建议学时

16 学时

情景描述

　　牡丹江技师学院委托机械工程系加工一批台阶轴生产任务，机械系主任将生产任务交给数控车削加工车间。为了锻炼学生们的实际工作能力，尽早与企业生产相融合，数控车间主任将台阶轴的数控编程与模拟加工任务交给了学生。学生们通过这个任务需要学习微机室管理规定，认知数控车削模拟加工，认真分析零件图样，制定相应加工方案，熟悉数控仿真加工软件的基本操作，根据相应资料编写零件加工程序，并且通过模拟加工检验程序的可行性，制定最终加工方案。零件图样如图 1－0－1 所示。

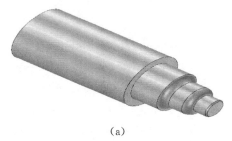

(a)

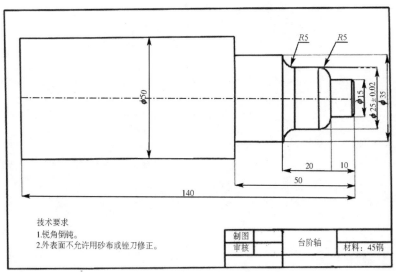

(b)

图 1－0－1

工作流程

学习活动 1　台阶轴的数控加工工艺处理与编程

学习活动 2　台阶轴的数控模拟仿真加工

学习活动 3　台阶轴的模拟检验

学习活动 4　学习成果展示与总结评价

学习活动 1　台阶轴的数控加工工艺处理与编程

学习目标

1. 能遵守微机室的各项管理规定，按照要求规范使用计算机。

2. 熟悉数控技术基础知识。

3. 明确数控车床操作基本要求。

4. 了解数控车削加工基础知识。

5. 完成台阶轴零件的数控车削加工工艺分析，并制定数控加工工艺路线。

6. 熟悉数控车床操作面板，能利用相应指令设置机床动作。

7. 能够编写台阶轴数控车削加工程序。

8. 能够使用数控机床仿真软件进行台阶轴的模拟加工。

学习过程

一、微机室管理章程

1. 微机属贵重教学设备，机房管理人员必须忠于职守，认真搞好机房的各项管理工作，确保设备的安全和教学工作的正常进行。

2. 进入微机室必须穿鞋套，不穿者禁止入内。进入微机室操作的学生和老师要爱护计算机及其设备，未经管理人员允许，不准动室内任何设备。

3. 在微机室操作的学生和老师要保持安静，走路要轻，不准大声喧哗，不准在室内跑动、打闹。

4. 在微机室内不准吃小食品，不准向室内丢弃果皮、纸屑等。

5. 不准私自将磁盘及其计算机部件带入室内，需使用外来磁盘或软件，必须经管理人员严格检查后才能在微机室内使用。

6. 上微机课的班级上课前不准提前进入微机室，下课后不准推迟离开微机室。学生进入微机室后直到学生离开微机室前，授课教师不得离开微机室。

7. 每班下课后对微机教室进行清理，捡拾垃圾纸屑，离开前把凳子摆放整齐。

8. 学生进微机室要自觉维护机房的环境卫生。

9. 每位代课教师在上课前让学生检查有没有计算机硬件损坏，计算机能不能正常工作，认真填写实习记录表。

10. 每位代课教师必须对所代班级的学生固定计算机并登记，便于管理。

11. 未经许可，不得运行与实习内容无关的程序，严禁私自携带各类游戏软件上机运行。

12. 机房管理人员有对各类违章行为进行监督的权力，凡属违章操作造成的事故，学校将给予当事人以纪律处分和经济处罚。

13. 以上规定从颁布之日起立即生效，管理人员应对本制度认真执行。

二、 了解数控技术基础知识

（一）数控技术与机床数控技术

数控技术，简称数控（Numerical Control，NC），它是利用数字化的信息对机床运动及加工过程进行控制的一种方法。数控技术在机床控制中应用广泛，形成了数控技术发展主流——机床数控技术和机床数控系统。机床数控系统能够逻辑地处理使用代码或者其他符号编码指令规定的程序，能够自动完成机床加工信息的输入、译码、运算，从而控制机床的运动和加工过程。

应用数控技术或装有数控系统的机床称为数字控制机床（Numerically Control Machine，NCM），简称数控机床。随着电子技术的发展，数控机床采用了计算机数控（Computerized Numerical Control，CNC）系统，因此也称为计算机数控机床或 CNC 机床。

数控机床产生于 20 世纪 50 年代，它综合了计算机技术、自动控制、精密检测和精密制造等方面的科技成果，是集机、电、液、气、光于一体的新型自动化机床。要实现对机床的控制，需要用几何信息描述刀具和工件间的相对运动以及用工艺信息来描述机床加工必须具备的一些工艺参数，如进给速度、主轴转速、主轴正反转、换刀、冷却液的开关等。这些信息按一定的格式形成加工文件（即数控加工程序），存放在信息载体（如磁盘、穿孔纸带、磁带等）上，然后由机床上的数控系统读入（或直接通过数控系统的键盘输入，或通过通信方式输入），通过对其译码，从而控制机床动作和加工零件。

（二）数控技术的产生

随着电子技术的发展，1946 年世界上第一台电子计算机问世，由此掀开了信息自动化的新篇章。数控技术由此产生，并进一步发展壮大，其性能也越来越可靠，功能越来越强大。总的来说，数控技术的发展经历了以下几个阶段。

1. 第一代数控系统。1948 年美国密歇根州的一个小型飞机工业承包商帕森斯公司（Parsons Corporation）在制造飞机的框架及直升机的转动机翼轮廓样板时，提出了采用电子计算机对加工轨迹进行控制和数据处理的设想，后来得到美国空军的支持，并与美国麻省理工学院合作，于 1952 年研制出第一台三坐标数控铣床。帕森斯的设想考虑到刀具直径对加工路径的影响，使得加工精度达到 ±0.0038 cm（这在当时水平是相当高的），因而获得了专利。1954 年底，美国本迪克斯公司（Bendix Corporation）在帕森斯专利的基础上生产出了第一台工业用的数控机床。数控机床的控制系统（专用电子计算机）采用的是电子管，其体积庞大，功耗高，仅在一些军事部门中承担普通机床难以加工而又形状复杂的零件的加工任务。

这时数控机床的控制系统是第一代数控系统。

2. 第二代数控系统。1959 年晶体管出现，电子计算机应用晶体管元件和印制电路板，从而使机床数控系统跨入了第二代。而且 1959 年克耐·杜列克公司（Keaney & Trecker Corporation）在数控机床上设置了刀库，并在刀库中装有丝锥、钻头、铰刀等刀具，根据穿孔带的指令自动选择刀具，并通过机械手将刀具装在主轴上，以缩短刀具的装卸时间和减少零件的定位装夹时间。人们把这种带自动交换刀具功能的数控机床称为加工中心（Machining Center，MC）。加工中心的出现，把数控机床的应用推上了一个更高的层次，它一般都集铣、钻等功能于一身，为以后立式加工中心、卧式加工中心、车削中心、磨削中心、五面体加工中心、板材加工中心等的发展打下了基础。今天加工中心已成为市场上非常畅销的一个数控机床品种。从 1960 年开始，美国、日本等工业国家都陆续开发、生产及使用数控机床。

3. 第三代数控系统。1965 年，出现了小规模集成电路，它的应用使数控系统的可靠性进一步提高，数控系统发展到第三代。

以上三代，都是采用专用控制计算机的硬逻辑系统，因此都属于硬逻辑数控系统（NC）。装有这类系统的机床为普通数控机床，简称 NC 机床。由于点位控制的数控系统比轮廓控制的数控系统要简单得多，在该阶段，点位控制的数控机床得到很大发展。1967 年英国 Mollin Corporation 公司将 7 台机床用 IBM 计算机集中控制，组成 Mollin24 系统。该系统首开柔性制造系统（Flexible Manufacturing System，FMS）的先河，能执行生产调度程序和数控程序，具有工件储存、传送和自动检验的功能，能加工小于 300mm × 300mm 的工件，适合于几件到上百件的小规模生产。

4. 第四代数控系统。1970 年，在美国芝加哥国际机床展览会上，首次展出了利用小型计算机取代专用数控计算机且数控的许多功能由软件程序实现的计算机数控系统。数控系统进入第四代。

5. 第五代数控系统。1974 年，美、日等国首先研制出以微处理器为核心的数控系统，简称微机数控（Microcomputer：Numerical Control，MNC），这就是第五代数控系统。自此，开始了数控机床大发展时代。进入 20 世纪 80 年代，微处理器发展更加迅速，极大地促进了数控机床向柔性制造单元（Flexible Manufacturing Cell，FMC）、柔性制造系统（FMS）方向发展，并奠定了向规模更大、层次更高的生产自动化系统，如计算机集成制造系统（CIMS）、自动化工厂（FA）方向发展的坚实基础。随着个人计算机（PC）技术性能和可靠性的不断提高，20 世纪 80 年代末期，又出现了以 PC 机为基础的计算机数控系统。由于其具有良好的开放性，发展速度很快，从 90 年代开始不断推出该系统的新产品。

（三）数控技术在我国的研究与发展

我国从 1958 年开始研制数控机床，一些高等院校、科研单位、企业从采用电子管着手，到 20 世纪 60 年代曾研究出部分样机。1965 年开始研制晶体管数控系统，60 年代末到 70 年代初曾成功研究出非圆齿轮插齿机、数控立铣床以及数控车床、数控磨床、加工中心等。这一时期国产数控系统的稳定性、可靠性尚未得到很好的解决，因而也限制了国产数控机床的发展。而数控线切割机床由于结构简单、价格低廉、使用方便等优势，得到了较快的发展。据资料统计，1958 年至 1979 年，我国共生产数控机床 4 180 台，其中数控线切割机床占 86％左右。20 世纪 80 年代，我国开始走技术引进和自行研制相结合的道路，从国外引进新技术和以日本 FANUC 系列为主的数控系统，开始批量生产微处理器数控系统，掀起了我国数控机床新的发展高潮，我国开发了立式、卧式加工中心，立式、卧式数控车床，数控铣床，数控钻、镗床，数控磨床等，同时还在立式、卧式加工中心基础上，配置有 10 个工件位置的自动交换工作台（Automatic Pallet Change），组成柔性制造单元，可以进行夜间（二、三班）无人（或少人）看管自动加工，安装不同工件，实现混流加工，用软件控制工作台的任选交换，识别工件并按工件自动调出相应的加工程序，还相应地建造了规模较大的 FMS。80 年代末期，我国在一定范围内探索实施 CIMS，且取得了一些有益的经验。90 年代，我国加强了自主知识产权数控系统的研制工作，而且取得一定的成效，如在五轴联动数控系统、高精度车床数控系统、数字仿形系统、中低档数控系统等方面都取得了较大的成果。

目前，我国已有几十家机床厂能生产不同类型的数控机床和数控加工中心机床，建立了以中、低档数控机床为主的数控产业体系，在高档数控机床的研制方面也有了较大的进展。在数控技术领域，我国和先进工业国之间仍存在着不小的差距，但这种差距正在不断缩小。

（四）数控技术的发展趋势

随着世界先进制造技术的兴起和不断成熟，对数控加工技术提出了更高的要求。超高速切削、超精密加工等技术的应用，对数控机床的各个组成部分提出了更高的性能指标要求。数控技术的典型应用是 FMC、FMS、CIMS。其发展趋势具体表现在以下几个方面。

1. 向高速度、高精度加工方向发展。速度和精度是数控机床的两个重要指标，它直接关系到加工效率和产品的质量，特别是在超高速切削、超精密加工技术的实施中，它对机床各坐标轴位移速度和定位精度提出了更高的要求；另外，这两项技术指标又是相互制约的。目前主要研究集中在以下几个方面。

（1）数控装置。随着数控机床向高速度、高精度方向发展的需要，数控装置要能高速处理输入的指令数据并计算出伺服机构的位移量，而且要求伺服电机能快速作出反应。目前高速主轴单元（电主轴）转速已达 15000～100000r/min；进给运动部件不但要求高速度，且要求具有高的加速、减速功能，其快速移动速度达 60～120m/min，工作进给速度已高达 60m/min 以上。微处理器芯片的迅速发展，为数控系统采用高速处理技术提供了保障。CPU 已由 20 世纪 80 年代的 16 位（如 FANUC-6M 等）发展为现今的 32 位（如 FANUC-15 等）以及 64 位。20 世纪 90 年代还出现了精简指令集

(RISC) 芯片的数控系统 (如 FANUN-16 等)。CPU 的频率由原来的 10MHz，提高到几百兆赫、上千兆赫，甚至更高，进一步提高了系统的运算速度。

(2) 伺服系统。伺服驱动技术是数控技术的重要组成部分。与数控装置相配合，伺服系统的静态和动态特征直接影响机床的位移速度、定位精度和加工精度。现在，直流伺服系统被交流数字伺服系统所取代；伺服电机的位置、速度及电流环都实现了数字化；并采用了新的控制理论，出现了不受机械负荷变动影响的高速响应系统。这样就提升了数控机床的加工速度与加工精度。

①前馈控制技术。过去采用的把检测器发出的信号与位置指令的差值乘以位置环增益作为速度指令的伺服系统，总是存在着跟踪滞后误差，这使得在加工拐角及圆弧时加工精度恶化。

目前，在原来的控制系统上加上速度指令的控制方式，即所谓的前馈控制，使伺服系统的跟踪滞后误差大大减小。

②机床静、动摩擦的非线性补偿控制技术。机械静、动摩擦的非线性会导致机床爬行。除了在机械结构上采取措施降低摩擦外，新型的数控伺服系统具有自动补偿机械系统静、动摩擦非线性的控制功能。

③伺服系统的位置环和速度环 (包括电流环) 均采用软件控制，如数字调解和矢量控制等。为适应不同类型机床、不同精度和不同速度的要求，预先调整加速、减速性能。

④采用高分辨率的位置检测装置。如高分辨率的脉冲编码器，内有微处理器组成的细分电路，使得分辨率大大提高，增量位置检测分辨为 1000 脉冲数/转以上，绝对位置检测分辨率为 1000000 脉冲数/转以上。

⑤补偿技术得到了发展和应用。现代数控系统都具有补偿功能，可以对伺服系统进行多种补偿，如丝杠螺距误差补偿、齿侧间隙补偿、轴向运动误差补偿、空间误差补偿和加热变形补偿等。

2. 向多功能化与复合化加工方向发展。

（1）配置多种遥控接口和智能接口，具有更高的通信功能。系统除配置 RS232 串行接口、RS422 等接口外，还有 DNC（Direct Numerical Control，直接数控，也称群控）接口。为适应网络技术的需要，许多数控系统带有与工业局域网（LAN）通信功能，而且近年来不少数控系统还带有 MAP（Manufacturing Automation Protocol，制造自动化协议）等高级工业控制网络接口，以实现不同厂家和不同类型机床联网的需要。

（2）数控机床一机多能，以最大限度地提高设备利用率。机械结构技术更多地采用机电一体化结构。为了提高自动化程度，采用自动交换刀具，自动交换工件，主轴立、卧自动转换，工作台立、卧自动转换，主轴带 C 轴控制，万能回转铣头，以及数控夹盘、数控回转工作台、动力刀架和数控夹具等。为了提高数控机床的动态特性，将伺服系统和机床主机进行很好的机电匹配，同时主机也借助计算机进行模块化、优化设计。

3. 向基于 PC 的开放式数控系统方向发展。由于 PC 具有良好的人机界面，软件资源特别丰富，近年来 CPU 主频高达 2000MHz 以上、内存 256MB 以上、外存 80GB 以上已是常见之事；相应的 Windows 界面更加友好，功能更趋完善，其通信功能、联网功能、远程诊断和维修功能将更加普遍具备。在系统的操作性能方面，具有友好的人机界面，普遍采用薄膜软按钮的操作面板，减少指示灯和按钮数量，使操作一目了然；大量采用菜单选择操作方式，使操作越来越方便。CRT（Cathode Ray Tube，阴极射线管）显示技术大大提高，彩色图像显示已很普遍，不仅能显示字符、平面图形，还能显示三维图形，甚至显示三维动态图形。更重要的是 PC 成本低廉，可靠性高。日本、美国、欧盟各国等正在开放式的 PC 平台上进行"开放式数控系统"的研究，包括标准、结构、编程、通信、操作系统以及样机的研制等。

4. 向高可靠性方向发展。数控机床的可靠性一直是用户最关心的主要指标，它取决于数控系统和各伺服驱动单元的可靠性。

（1）大量采用高集成度的芯片、专用芯片及混合式集成电路，提高了硬件质量，减少了元器件数量，这样就降低了功耗，提高了可靠性。新型大规模集成电路采用表面贴装技术，实现了三维高密度安装工艺。元器件经过严格筛选，建立由设计、试制到生产的一整套质量保证体系，这使得数控系统的平均无故障时间达到10000～36000h。

（2）增强故障自诊断、自恢复和保护功能。

5. 向智能化方向发展。随着人工智能在计算机领域的不断渗透和发展，数控系统的智能化将不断提高。

（1）引进自适应控制技术。在加工过程中，数控系统可检测一些重要信息，如工作状态、特性等，并自动调整系统的有关参数，以达到或接近最佳工作状态。

（2）引入专家系统。将熟练工人和专家的经验、加工的一般规律与特殊规律存入系统中，以工艺参数数据库为支撑，建立具有人工智能的专家系统。当前已开发出模糊逻辑控制和带自学习功能的人工神经网络的数控系统和其他数控加工系统。

（3）引入故障自诊断、自修复系统。利用CNC系统的内装程序实现在线故障诊断，一旦出现故障，立即采取停机等措施，并通过CRT进行故障报警，提示发生故障的部位、原因等，并利用"冗余"技术，自动使故障模块脱机，接通备用模块。

（4）引进模式识别技术。应用图像识别和声控技术，使机器自己辨识图样，按照自然语言命令进行加工。

（5）应用智能化伺服驱动装置。可以通过自动识别负载而自动调整参数，使驱动系统获得最佳的运行状态。

6. 向数控编程自动化方向发展。数控编程技术是实现数控加工的主要环节，当前其发展趋势有如下几点：

（1）从脱机编程发展到在线编程。传统的编程是脱机进行的，由人工、计算机以及编程机来完成，然后再输入到数控装置。现代的 CNC 装置有很强的存储和运算能力，把很多自动编程机具有的功能移植到数控装置的计算机中来，在人工操作键盘和彩色显示器的作用下，在线以人机对话方式进行编程，并具有前台操作、后台编程的功能。

（2）具有机械加工技术中的特殊工艺和组合工艺方法的程序编制功能。除了具有圆切削、固定循环和图形循环功能外，还有宏程序设计、子程序设计功能，会话式自动编程、蓝图编程和实物编程功能。

（3）编程系统由只能处理几何信息发展到几何信息和工艺信息同时处理的新阶段。新型的 CNC 系统中装入了小型工艺数据库，在在线程序编制过程中可以自动选择最佳切削用量和适合的刀具。

三、 零件图纸分析

1. 仔细阅读零件图样（图 1-0-1），了解本次加工任务。

2. 认真分析零件图样，写出零件加工的主要尺寸，并进行相应的尺寸公差计算，为零件的编程做好准备。

（1）外圆主要尺寸。

（2）长度主要尺寸。

（3）圆弧主要尺寸。

3. 列举出带有公差的尺寸，并计算其极限尺寸，说明在加工过程中精度控制范围要求。

（1）带有公差要求的尺寸。

（2）极限尺寸。

（3）加工过程中尺寸精度控制范围。

（4）小组讨论尺寸公差对零件使用的影响。

四、 数控刀具选择

1. 了解数控加工常用刀具，将下列刀具的名称及用途填入表 1-1-1。

表 1-1-1

序号	刀具图示	刀具名称	刀具用途
1	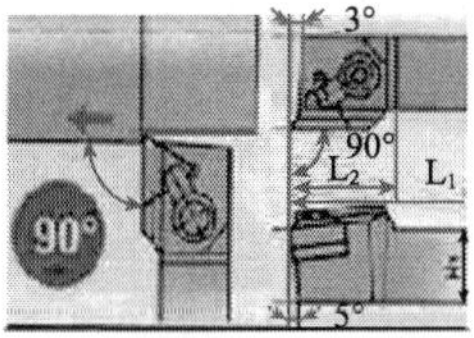		
2	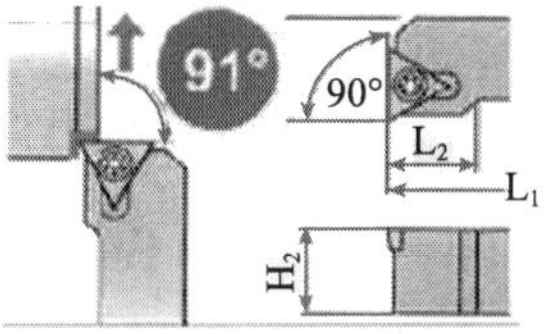		
3	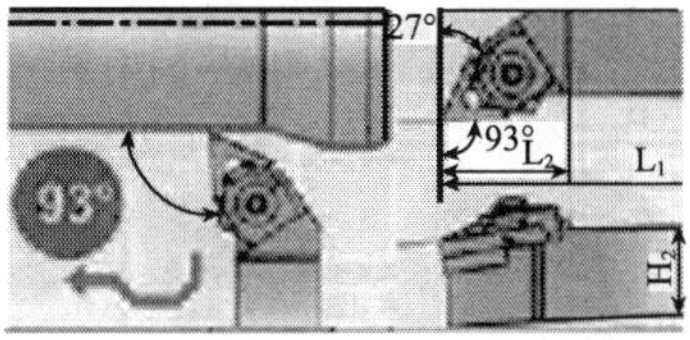		
4	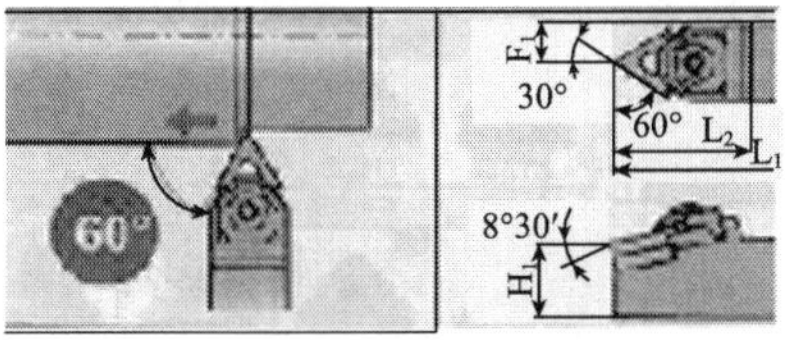		
5	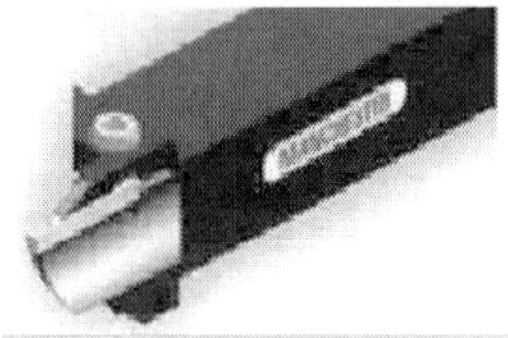		
6	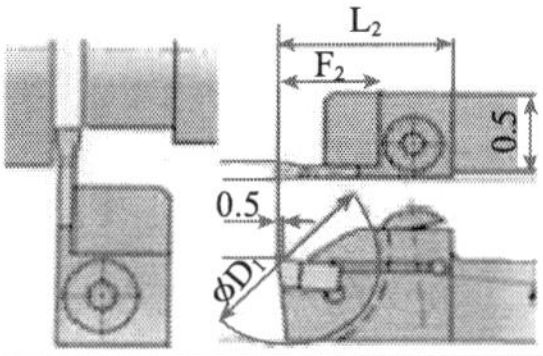		

续表

序号	刀具图示	刀具名称	刀具用途
7			
8			
9			
10			
11			
12			
13			

2. 查阅刀具使用手册，说明下列刀具适合加工哪类零件（表
1－1－2）。

表 1－1－2

刀具类型	加工零件类别	备注

3. 完成本零件图的刀具选择,将所选刀具填入表1-1-3。

表1-1-3

产品名称或代号		零件名称		零件图号	
刀具号	刀具名称	数量	加工内容	刀尖半径 (mm)	刀具规格 (mm×mm)
编制			批准	第　页	共　页

4. 根据普通车床加工步骤，描述数控机床加工台阶轴步骤。

5. 制定本零件图的数控车削加工工艺（查阅相关资料，参照普通车床车削加工）。

6. 查阅资料，完成该零件图的数控加工工序表（表 1－1－4）。

表 1－1－4

单位名称		产品名称或代号		零件名称		零件图号	
工序号	程序编号	夹具名称		使用设备		车间	
工步号	工步内容	刀具号	刀具规格 （mm）	主轴转速 （r/min）	进给速度 （mm/min）	背吃刀量 （mm）	备注
编制		审核		批准		共　页	第　页

五、数控加工程序编制

（一）数控车床的坐标轴

Z 轴：Z 轴的判定由"传递切削动力"的主轴所确定，对车床而言，工件由主轴带动作为主运动，则 Z 轴与主轴旋转中心重合，平行于机床导轨。

X 轴：X 轴在工件的径向上，且平行于车床的横导轨。

坐标轴的方向：假定工件位置相对不变，则刀具远离工件的方向为正。从经济型数控机床坐标轴（前置刀架）（图1—1—1）和全功能数控机床坐标轴（后置刀架）（图1—1—2）可以看出数控车床的坐标轴方向。

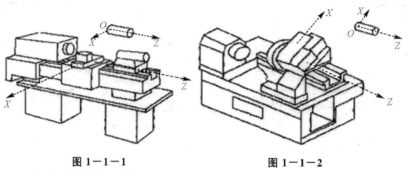

图1—1—1　　　　　　　　图1—1—2

（二）坐标系

1. 笛卡儿坐标系。为简化编程和保证程序的通用性，对数控机床坐标轴的方向和命名制定了统一标准，我国已制定了JB 3051—1982《数控机床坐标和运动方向》的数控标准。标准坐标系采用右手直角笛卡儿坐标系，如图1—1—3所示，拇指即指向 X 轴的正方向。伸出食指和中指，食指指向 Y 轴的正方向，中指所指示的方向即是 Z 轴的正方向 。X、Y、Z 轴的旋转轴分别命名为 A、B、C 轴。

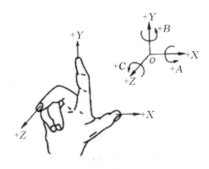

图1—1—3

2. 机床坐标系、机床零点和机床参考点。机床坐标系是机床固有的坐标系，机床坐标系的原点称为机 床原点或机床零点。在机床经过设计、制造和调整后，这个原点便被确定下来，它是固定的点。

数控装置上电时并不知道机床零点，为了正确地在机床工作时建立机床坐标系，通常在每个坐标轴的移动范围内设置一个机床参考点（测量起点），机床起动时，通常要进行机动或手动回参考点，以建立机床坐标系。

机床参考点可以与机床零点重合，也可以不重合，通过参数指定机床参考点到机床零点的距离。

机床回到了参考点位置，也就知道了该坐标轴的零点位置，找到所有坐标轴的参考点，CNC 就建立起了机床坐标系。

机床坐标轴的机械行程是由最大和最小限位开关来限定的。机床坐标轴的有效行程范围是由软件限位来界定的，其值由制造商定义。机床零点（OM）、机床参考点（Om）、机床坐标轴的机械行程及有效行程的关系如图 1—1—4 所示。

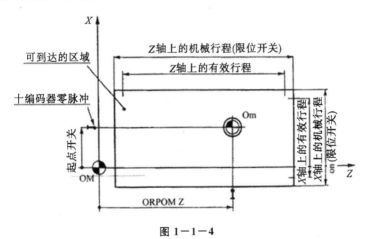

图 1—1—4

3. 工件坐标系、程序原点和对刀点。工件坐标系是编程人员在编程时使用的，编程人员选择工件上的某一已知点为原点（也称程序原点），建立一个新的坐标系，称为工件坐标系。工件坐标系一旦建立便一直有效，直到被新的工件坐标系所取代。

工件坐标系的原点选择要尽量满足编程简单、尺寸换算少、引起的加工误差小等条件。一般情况下，程序原点应选在尺寸标注的基准或定位基准上。对车床编程而言，工件坐标系原点一般选在工件轴线与工件的前端面、后端面、卡爪前端面的交点上，如图1—1—5所示。

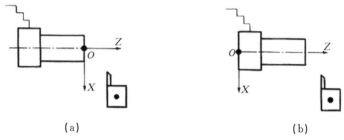

(a)   (b)

图 1—1—5

对刀点是零件程序加工的起始点，对刀的目的是确定程序原点在机床坐标系中的位置，对刀点可与程序原点重合，也可在任何便于对刀之处，但该点与程序原点之间必须有确定的坐标联系。

可以通过 CNC 将相对于程序原点的任意点的坐标转换为相对于机床零点的坐标。加工开始时要设置工件坐标系，可以用 G54~G59 及刀具指令来选择工件坐标系。

（三）直径编程与半径编程

在数控车削编程中，X 坐标值有两种表示方式，即直径编程和半径编程。

1. 直径编程。在直径坐标方式编程中，X 值为零件的直径值。由于零件在图样上的标注多为直径表示，所以大多数数控车削系统采用直径编程。常见的西门子系统默认直径编程。该方式用 G23 指令设定。

2. 半径编程。采用半径编程时，X 值为零件半径值或刀具实际位移。半径编程用 G22 指令设定。

（四）加工程序的基本格式

一个完整的程序由程序号、程序内容、程序结束三部分组成，如下所示：

```
00001                                      程序号
N10      T0101
N20      G00      X51        Z1       ⎤
N30      M03      S700                │
N40      G00      X45.5               │
N50      G01      Z- 69.8   F200      │
N60      X51                          │
N70      G00      Z1                  ⎬ 程序内容
N80      X41                          │
N90      G01      X45       Z- 1 F100 │
N100     Z- 70                        │
N110     X51                          │
N120     G00      X100      Z100      ⎦
N130     M30                            程序结束
```

1. 程序号写在程序的最前面，必须单独占一行，由字母"0"加四位数字组成。

2. 程序内容，它由许多程序段构成，每个程序段占一行，每个程序段由程序段号和程序段内容、程序段结束构成，程序段号以"N"开头，后为若干数字，程序段内容由若干个小程序块组成，每个程序块称为一个"字"，每个"字"由地址字（字母）和数值字组成，程序段结束用分号（；）表示。

（五）程序段格式

N_____ G_____ X_____ Z_____ F_____ S_____ T_____ M_____

指令字符一览表见表1—1—5。

表 1-1-5

机 能	地 址	意 义		
零件程序号	%	程序编号：%1～4294967295		
程序段号	N	程序段编号：N0～4294967295		
准备机能	G	指令动作方式（直线、圆弧等）G00～99		
尺寸字	X，Y，Z			
	A，B，C	坐标轴的移动命令±99999.999		
	U，V，W			
	R	圆弧的半径，固定循环的参数		
	I，J，K	圆心相对于起点的坐标，固定循环的参数		
进给速度	F	进给速度的指定	F0～24000	
主轴机能	S	主轴旋转速度的指定	S0～9999	
刀具机能	T	刀具编号的指定 T0～99		
辅助机能	M	机床侧开/关控制的指定	M0～99	
补偿号	D	刀具半径补偿号的指定	00～99	
暂停	P，X	暂停时间的指定	单位：s	
程序号的指定	P	子程序号的指定	P1～4294967295	
重复次数	L	子程序的重复次数，固定循环的重复次数		
参数	P，Q，R，U，W，I，K，C，A	车削复合循环参数		
倒角控制	C，R			

（六）编程规则

1. 绝对坐标与增量坐标：本系统直接用地址符 X、Z 及后面的数字表示点在工件坐标系下的绝对坐标值，而用 U、W 及后面的数字表示轮廓上前一点到该点的增量值。

例如，在图 1-1-1 中，刀具轨迹由 A 切削到 B，可以写成如下三种程序段形式：

```
G01  X25 Z20 F200
G01  U15  W10  F200
G01  X25  W10  F200
```

本系统可识别绝对坐标编程、增量坐标编程或混合坐标编程。

2. 公、英制编程：FANUC 系统用 G21 表指定公制编程，单位为毫米（mm），用 G20 来指定英制编程，单位为英寸（in）。

3. 本系统的 X 轴方向坐标值，除特殊说明外，均采用直径值，坐标平面为 XZ 平面，数字输入可以通过系统参数来设定是否可以省略小数点。

（七）数控机床编程步骤

数控车削加工过程如图 1-1-6 所示，编程人员在拿到零件图样后，首先应准确地识读零件图样表述的各种信息，主要包括零件几何图样的识读，零件的尺寸精度、形位精度、表面精度的分析；再根据图样分析的结果制定工艺流程，包括加工设备的选择、工艺路线的确定、工夹刃量辅具的选择、切削用量的选择等内容；最后是数控编程阶段，主要包括相关数值的计算、程序编制、程序校验、首件试切等内容。下面我们对几个主要过程作详细讲解。

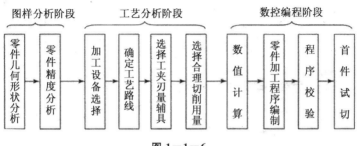

图 1-1-6

1. 确定加工工艺。根据零件图样进行工艺分析，在此基础上选定机床、刀具与工夹辅具，确定零件加工的工艺路线、工艺步骤以及切削用量等工艺参数等。确定加工工艺应遵循以下两点：

（1）保持精度原则。工序一般要求尽可能地集中，粗、精加工通常会在一次装夹中全部完成。为减少热变形和切削力变形对工件的形状、位置精度、尺寸精度和表面粗糙度的影响，则应将粗、精加工分开进行。

（2）提高生产效率原则。为减少换刀次数，节省换刀时间，提高生产效率，应将需要用同一把刀加工的部位都完成后，再换另一把刀来加工其他部位，同时应尽量减少空行程。

2. 数值计算。根据零件图样上尺寸及工艺路线的要求，在规定的坐标系内计算零件轮廓和刀具运动轨迹的坐标值（如几何元素的起点、终点、圆弧的圆心，两几何元素的交点或切点等坐标尺寸，有时还包括由这些数据转化而来的刀具中心轨迹的坐标尺寸），并以这些坐标值作为编程参照。

3. 编制加工程序单及初步校验。根据制定的加工路线、切削用量、刀具号码、刀具补偿及刀具轨迹，按照机床数控系统使用的指令代码及程序格式，编写零件加工程序单，并进行检查。

4. 程序校验及试切。将编制好的程序通过键盘直接输入或通过传送电缆传送至数控机床，在有图形模拟功能的数控机床上，可进行图形模拟，或通过空运行检查程序每步的走刀位置是否与编程设计一致。确认程序可行后，进行首件试切。在试切削过程中检查切削用量的选择是否能满足零件的精度要求等。

学习活动 2　台阶轴的数控模拟仿真加工

学习目标

1. 根据零件图样（图 1—0—1），完成零件毛坯的选取与装夹。
2. 熟悉各类数控仿真软件。
3. 能够熟练使用数控加工仿真软件（斐克仿真软件）。

4. 规定时间内完成台阶轴的模拟仿真加工。

学习过程

一、熟悉数控加工仿真软件

1. 各小组查阅资料，可以通过网络计算机等途径，将你所熟悉的数控加工仿真软件的功能与特点填入表1—2—1。

表 1—2—1

序号	软件名称	软件功能	应用领域	备注

2. 根据我校具体情况，将斐克仿真软件的主要功能填入表1—2—2。

表 1—2—2

功能组成	主要内容及功能	备注
主菜单		
机床显示区		
机床显示工具条		
报警信息栏		
数控操作面板		

3. 对照斐克软件使用说明书，写出下列按钮的名称及其主要功能（表1—2—3）。

表 1—2—3

序号	按钮英文描述	按钮名称	按钮功能	备注
1	RESET			
2	SHIFT			
3	INPOT			
4	CAN			
5	ALTER			
6	NSERT			
7	ELETE			
8	POS			
9	PROG			
10	OFFSET SETTING			
11	SYSTEM			
12	CUSTOM GRAPH			

4. 参照软件使用手册，写出数控车床仿真软件的文件管理项目方法。

（1）建立项目有两个作用：

①新建的项目会将这次操作所选用的毛坯、刀具、数控程序等记载下来，以后想加工同样的零件时，只要打开这个项目文件就可以进行加工，而不必再重新进行设置。

②当操作进行到一半时，如果想退出操作留到下次再加工，可将建立的项目予以保存，下次使用时打开这个项目，还可以接着上一次继续进行操作。

（2）如何新建项目，请写出新建项目的流程。

（3）如何保存项目，请写出保存项目的流程。

（4）如何打开项目，请写出打开项目的流程。

（5）如何保存零件项目，请写出保存零件项目的流程。

（6）如何导入零件项目，请写出导入零件项目的流程。

5. 仿真软件中机床的使用。

（1）如何选择机床和数控系统。

（2）写出系统参数设置流程。

（3）如何进行面板的隐藏和显示。

6. 观看数控机床操作视频，掌握数控机床的使用（校内仿真软件使用视频）。

（1）选择完数控系统后，机床开机为什么要进行回零操作，回零的目的是什么，所有机床都需要进行回零操作吗？

（2）观察你所选用的数控车床一共能安装几把刀具，当出现多把刀具，如何确定安装顺序及换刀位置？

（3）根据零件图纸要求，选择适合本零件加工需要的刀具，并写出新建刀具及安装刀具步骤。

（4）根据零件图纸要求，选择适合本零件加工需要的毛坯，并写出新建毛坯及安装毛坯步骤。

（5）安装完毛坯，选择完刀具，零件加工前需要进行对刀操作吗？为什么？如果需要，写出对刀步骤（查阅资料简述 2 种以上对刀方法）。

（6）在对刀过程中，如何进行主轴转速、手动操作、手轮操作等以达到最佳对刀效果？

（7）在台阶轴加工过程中，企业要追求效益最大化，减短空行程路线，在编程过程中你是如何选择起刀点（即循环起点）、换刀点的？对你选择的依据作出说明。

（8）在仿真软件里建立台阶轴加工项目，新建台阶轴加工程序文件，并将程序输入数控系统，完成台阶轴零件加工的前期准备工作，写出相应步骤。

二、 台阶轴的模拟仿真加工

1. 依据已经编辑好的程序，操作仿真软件，完成台阶轴的模拟加工，观察刀具加工轨迹是否符合台阶轴加工要求，如符合请说明原因，如不符合请提出改进措施。

（1）符合：

（2）不符合：

2. 小组讨论台阶轴模拟加工过程中出现的问题，提出改进办法。

3. 如果在加工过程中突然出现撞刀或其他危险情况，该如何应对？改进后如何完成台阶轴的模拟加工？

学习活动 3   台阶轴的模拟检验

学习目标

1. 能够运用仿真软件的测量功能对台阶轴进行模拟检验。

2. 能够根据检验结果，分析程序的合理性，以便进一步完善程序。

学习过程

一、 明确测量要素

分析零件图样（图 1—0—1），明确台阶轴上有哪些关键尺寸需要测量？为什么？

二、 测量几何要素

1. 将下列测量工具的功能及用途填入表 1—3—1。

表 1—3—1

序号	测量工具图示	测量工具名称	测量工具用途	备注
1	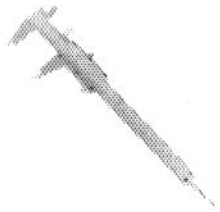			
2				
3	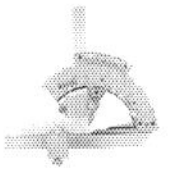			
4				
5	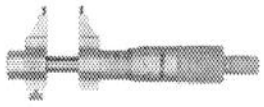			
6	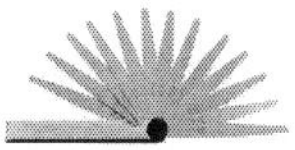			
7	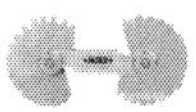			
8	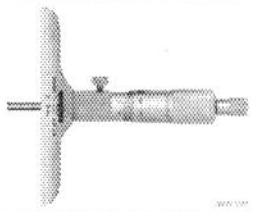			

　　2. 通过斐克仿真软件使用说明书，明确模拟软件虚拟测量方法。将台阶轴的主要测量尺寸结果填入表 1—3—2。

表 1-3-2

序号	项目	内容	偏差范围
1	主要加工尺寸		
2			
3			
4			
5			
6			
7	表面质量要求		

3. 加工案例分析：

（1）如果在台阶轴零件加工后，图纸尺寸 $\phi 25 \pm 0.02$mm 的实际测量尺寸为 $\phi 25 \pm 0.05$mm，这个尺寸加工合格吗？分析原因并提出改进措施。

（2）台阶轴零件加工总长度为 50mm，但加工后实际测量的总长度为 50.6mm，分析产生的原因及改进措施。

三、 工艺方案及措施

根据加工中出现的问题，结合实际提出修改的工艺方案及措施，填入表 1-3-3。

表 1-3-3

序号	出现问题	改进方案及措施	备注
1			
2			
3			
4			
5			
6			
7			

学习活动4 学习成果展示与总结评价

学习目标

1. 能够讨论台阶轴在加工过程中出现的问题，并提出整改措施。
2. 能够进行小组内分享台阶轴的编程知识。
3. 能够阐述台阶轴在模拟软件加工中的全过程，并且对操作不合理之处提出整改意见。
4. 能够进行自我评价、学生互评，并且在全班同学面前展示小组成果。

学习过程

一、自我评价

1. 根据台阶轴零件模拟加工结果，进行自我分析，填写表1-4-1。分析台阶轴零件在加工过程中出现的不合理原因，并提出相应改进意见，将结果填入表1-4-2。

表1-4-1

工件编号		技术要求	配分（分）	总得分		
项目	序号			评分标准	检测记录	得分（分）
软件操作（20%）	1	正确开启机床、检测	4	不正确、不合理无分		
	2	机床返回参考点	4	不正确、不合理无分		
	3	程序的输入及修改	4	不正确、不合理无分		
	4	程序空运行轨迹检查	4	不正确、不合理无分		
	5	对刀的方式、方法	4	不正确、不合理无分		

工件编号			配分（分）	总得分		
项目	序号	技术要求		评分标准	检测记录	得分（分）
程序与工艺（20%）	6	程序格式规范	4	不合格每处扣1分		
	7	程序正确、完整	8	不合格每处扣2分		
	8	工艺合理	8	不合格每处扣2分		
零件质量（50%）	9	ϕ35mm	5	超差不得分		
	10	ϕ25±0.02mm	15	超差不得分		
	11	ϕ15mm	5	超差不得分		
	12	20mm	5	超差不得分		
	13	10mm	5	超差不得分		
	14	$R5$	5	超差不得分		
	15	$R5$	5	超差不得分		
	16	$C2$	5	超差不得分		
安全文明生产（10%）	21	安全操作	5	不按安全操作规程操作全扣分		
	22	机床清理	5	不合格全扣分		
总配分			100			

表 1—4—2

序号	加工内容	出现问题	出现问题原因	改进措施
1				
2				
3				
4				
5				
6				

续表

序号	加工内容	出现问题	出现问题原因	改进措施
7				
8				
9				

2. 通过台阶轴零件的数控模拟加工，你学到了哪些知识？

3. 说明斐克数控仿真加工软件对台阶轴的模拟加工有什么帮助？

二、小组互评

填写任务过程评价互评表，见表1-4-3。

表1-4-3

班级：_____　姓名：_____　学号：_____　　　　年　月　日

评价项目及标准		配分（分）	等级评定			
			A	B	C	D
职业能力	1. 零件图纸分析	10				
	2. 测量工具熟悉	10				
	3. 仿真软件熟悉	10				
	4. 程序指令熟悉	5				
	5. 程序编制情况	5				
	6. 模拟检验情况	10				
	7. 问题分析及自我总结	10				
职业素养	1. 出勤情况，遵守纪律情况	5				
	2. 遵守安全操作规程	5				
	3. 能否有效沟通，使用基本的文明用语	5				
	4. 有无安全意识	5				
	5. 是否主动参与卫生清扫和保护环境	5				
	6. 能否与组员主动交流、积极合作	5				
	7. 能否自我学习及自我管理	5				
	8. 工作场所整理达标	5				

评价项目及标准	配分（分）	等级评定			
		A	B	C	D
简要评述	学习建议				

等级评定：

A：优（得分/配分＞90％）；

B：好（得分/配分＞80％）；

C：一般（得分/配分＞60％）；

D：有待提高（得分/配分＜60％）。

三、现场整理与成果展示（7S 管理相关知识）

1. 查阅相关资料，请将 7S 管理相关定义进行说明。

2. 进行小组成果展示（PPT）。

3. 整理工作场地，按 7S 管理要求对工作场地进行打扫，将清扫过程中出现的问题进行记录，然后进行小组研讨，提出合理化建议。

四、综合评价

填写台阶轴零件加工综合评价表，见表 1－4－4。

表 1－4－4

班级：_____ 姓名：_____ 学号：_____

项目	自我评价			小组评价			教师评价		
	9～10	6～8	1～5	9～10	6～8	1～5	9～10	6～8	1～5
	占总评 10％			占总评 30％			占总评 60％		
学习活动 1									
学习活动 2									
学习活动 3									
学习活动 4									

续表

项目	自我评价			小组评价			教师评价		
	9~10	6~8	1~5	9~10	6~8	1~5	9~10	6~8	1~5
	占总评 10%			占总评 30%			占总评 60%		
表达能力									
协作精神									
纪律观念									
工作态度									
分析能力									
操作规范性									
任务总体表现									
小计									
总评									

任课教师：　　　年　月　日

学习任务二　小锥度心轴的编程与模拟加工

学习目标

1. 能认真遵守机房各项管理规定，并按照规范要求合理使用计算机。

2. 能应用相应三角函数计算小锥度心轴锥度。

3. 正确填写小锥度心轴数控加工工艺卡片。

4. 能够绘制小锥度心轴数控加工走刀路线，并且编写其数控加工程序。

5. 能够熟练应用数控仿真加工软件完成小锥度心轴的数控模拟仿真加工，并进行模拟检验测量。

6. 进行自我评价、学生互评，展示小组学习成果。

建议学时

12 学时

情景描述

牡丹江技师学院数控实习车间为了生产一批零件，需要额外加工一批工装，即小锥度心轴，数控车间主任将小锥度心轴的数控编程与模拟加工任务交给了学生。学生们通过这个任务需要学习微机室管理规定，认真分析零件图样（图 2—0—1），制定相应加工方案，根据相应资料编写零件加工程序，并且通过模拟加工检验程序的可行性，制定最终加工方案。

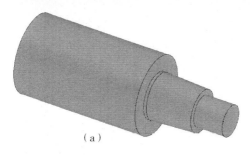

（a）

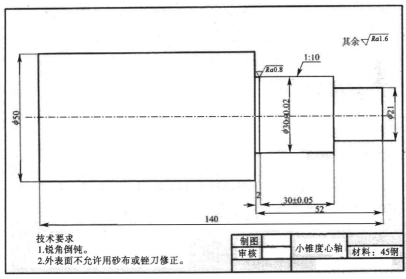

技术要求
1.锐角倒钝。
2.外表面不允许用砂布或锉刀修正。

制图		小锥度心轴	材料：45钢
审核			

（b）

图 2－0－1

工作流程

学习活动 1　小锥度心轴的数控加工工艺处理与编程

学习活动 2　小锥度心轴的数控模拟仿真加工

学习活动 3　小锥度心轴的模拟检验

学习活动 4　学习成果展示与总结评价

学习活动 1　小锥度心轴的数控加工工艺处理与编程

学习目标

1. 能应用三角函数相关知识计算小锥度心轴的锥度。
2. 能够正确填写小锥度心轴的数控加工工艺卡。
3. 能够绘制小锥度心轴的数控车削加工轨迹路线图。
4. 能够独立完成小锥度心轴的数控加工程序编辑。

学习过程

一、零件图纸分析

1. 结合零件图纸（图 2—0—1）及任务领取明细情况，确定本次模拟加工的毛坯材质、尺寸，为达到工装要求需不需要进行热处理？对材料的硬度、耐磨度有无特殊要求？

2. 分析零件图纸，确定各程序段尺寸要求，将零件图中各关键尺寸点标记出来，并用数字符号进行标记。

3. 上网或查阅相关书籍，分析什么时候加工零件适合运用小锥度心轴？在运用小锥度心轴过程中需要注意哪些问题？

4. 你认为本零件图纸的设计合理吗？如果不合理，将你认为合理的设计图纸绘制出来。

5. 本零件图中出现了锥度标注符号，你知道的标注符号有哪些？将它们的含义写出来。

6. 在小锥度心轴加工过程中，你认为需要保证哪些精度要求？如果保证不了，会出现哪些后果？会对加工产生哪些影响？

二、数控加工刀具选择及数控加工工艺的制定

1. 根据小锥度心轴零件图样，分析零件图纸（表 2—1—1），从下列刀具中选择出适合小锥度心轴加工的数控刀具，并将所选刀具

参数逐一说明。

表 2—1—1

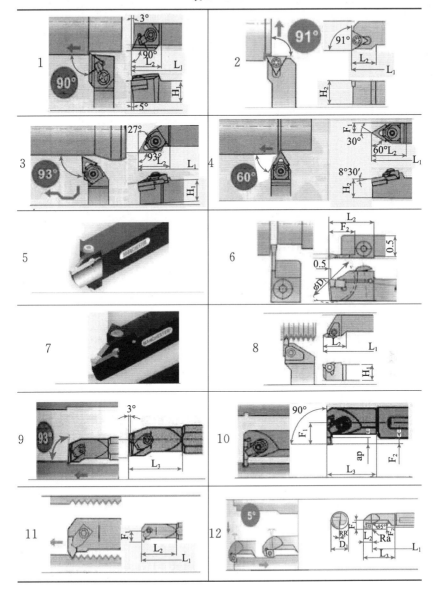

2. 根据所选刀具，说明粗、精加工过程中应该如何使用？在加工过程中，刀尖圆弧半径对加工有哪些影响？应该如何选择刀尖圆弧半径？

3. 根据上述分析，完成小锥度心轴数控加工刀具表格（表2-1-2）的填写。

表 2-1-2

产品名称或代号		零件名称		零件图号	
刀具号	刀具名称	数控	加工内容	刀尖半径 （mm）	刀具规格 （mm×mm）
编制		审核		批准		第　页	共　页

4. 合理选择小锥度心轴的数控加工定位基准，根据图2-1-1，将零件的数控加工工艺路线绘制到表2-1-3中。

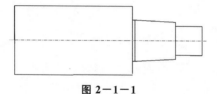

图 2-1-1

表 2-1-3

单位名称	产品名称或代号		零件名称		零件图号		
工序号	程序编号	夹具名称		使用设备		车间	
工步号	工步内容	刀具号	刀具规格（mm）	主轴转速（r/min）	进给速度（mm/min）	背吃刀量（mm）	备注
编制		审核		批准		共　页	第　页

5. 根据以上分析，完成小锥度心轴数控加工工序卡的填写。

三、小锥度心轴程序编制

1. 选择编程原点。车削零件编程原点的 X 向零点，应选在零件的回转中心，Z 向零点一般应选在零件的右端面、设计基准或对称平面内。如图 2-1-2 所示，车削零件的编程原点选择右端中心处。

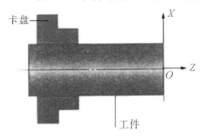

卡盘　工件

图 2-1-2

2. 基点的含义：零件的轮廓是由许多不同的几何要素所组成，如直线、圆弧、二次曲线等，各几何要素之间的连接点称为基点。基点坐标是编程中必需的重要数据，如图 2-1-3 所示，A、B、C、

D、E 都为基点。

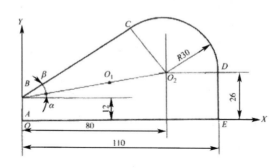

图 2—1—3

3. 节点。

（1）节点的含义：数控系统一般只能作直线插补和圆弧插补的切削运动。如果工件轮廓是非圆曲线，数控系统就无法直接实现插补，而需要通过一定的数学处理。数学处理的方法是用直线段或圆弧段去逼近非圆曲线，逼近线段与被加工曲线的交点称为节点。如图 2—1—4 所示的曲线，用直线逼近时，其交点 A、B、C、D、E、F 即为节点。

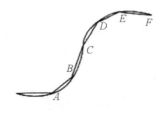

图 2—1—4

（2）节点的处理：在编程时，首先要计算出节点的坐标，节点的计算一般都比较复杂，靠手工计算已很难胜任，必须借助计算机辅助处理。求得各节点后，就可按相邻两节点间的直线来编写加工程序。

这种通过求得节点再编写程序的方法，使得节点数目决定了程序段的数目。如图 2—1—4 所示的曲线中有六个节点，即用五段直线逼近了曲线，因而就有五个直线插补程序段。节点数目越多，由直线逼近曲线产生的误差就越小，程序的长度则越长。可见，节点数目的多少，决定了加工的精度和程序的长度。因此，正确确定节点数目是个关键问题。为提高编程效率，可应用 CAD/CAM 软件辅助编程来处理节点。

根据零件图纸分析，绘制出小锥度芯轴的编程坐标系原点和加工坐标系原点，然后利用手工计算或 CAD 绘图软件计算出零件图上各基点的坐标值。

（3）刀尖圆弧半径补偿概念：为了延长车刀使用寿命，选用刀具的刀尖不可能绝对尖锐，总有一个圆弧过渡刃，如图 2－1－5 所示。因此，刀具车削时，实际切削点是过渡刃圆弧与零件轮廓表面的切点。如图 2－1－6 所示，车外圆、端面时，刀具实际切削刃的轨迹与轮廓一致，并无误差产生。车削锥面时，零件轮廓为实线，实际车出形状为虚线，产生欠切误差。若零件精度要求不高或留有精加工余量，可忽略此误差；否则应考虑刀尖圆弧半径对零件形状的影响。一般数控系统中均具有刀具补偿功能，可对刀尖圆弧半径引起的误差进行补偿，称刀具半径补偿。

图 2－1－5

P—理论刀尖点；R—刀尖过渡圆弧半径；S—刀尖圆弧中心

（4）车刀形状和位置：车刀形状不同，决定刀尖圆弧所处的位置不同，执行刀具补偿时，刀具自动偏离零件轮廓的方向也就不同。因此，也要把代表车刀形状和位置的参数输入到存储器中。车刀形状和位置参数称为刀尖方位 T。如表 2－1－4 所列，共有 9 种，分别用参数 0～9 表示，P 为理论刀尖点。CK6136 数控机床常用刀尖方位 T 为：外圆右偏刀 T-3，镗孔右偏刀 T-2。

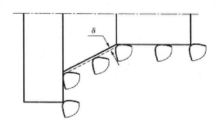

图 2－1－6

判断表 2－1－4 中刀尖方向号的数控刀具是前置刀架还是后置刀架？

表 2－1－4

刀尖方向号	刀尖圆弧位置	前置刀架	后置刀架	备注
0，9				
1				
2				
3				
4				

刀尖方向号	刀尖圆弧位置	前置刀架	后置刀架	备注
5				
6				
7				
8				

4. 刀具半径补偿 G41/G42。在笛卡儿坐标系下，沿 Y 轴负方向并沿刀具的移动方向看，当刀具处在加工轮廓左侧时，用刀尖圆弧半径左补偿指令 G41，在右侧时，用刀尖圆弧半径可补偿指令 G42，数控车床的 G41/G42 指令后不带任何补偿号。一般在对刀的时候，是按照假想刀尖进行的，在系统刀具补偿参数设定画面中，在对应的刀具号的"R"列中，输入刀尖圆弧半径，在"T"列中输入刀沿号。G40 指令用于取消刀尖圆弧半径补偿。

5. 刀具半径补偿指令的应用受前置刀架与后置刀架的影响吗？为什么？

6. 查阅数控机床编程说明书，写出如何建立和取消刀具半径补偿。

（1）建立或取消刀补指令。

（2）应用场合。

7. 根据零件图纸加工要求，选择适合本零件图纸的加工指令，并对所选指令做一说明。

8. 根据零件图纸要求，完成小锥度心轴的数控加工程序编制，将程序填入表2—1—5。

表 2—1—5

程序段号	心轴	00001；
	加工程序	程序说明
N5		
N10		
N15		
N20		
N25		
N30		
N35		
N40		
N45		
N50		
N55		
N60		
N65		
N70		
N75		
N80		
N85		
N90		
N95		
N100		

程序段号	心套	00001;
	加工程序	程序说明
N105		
N110		
N115		
N120		
N125		
N130		
N135		
N140		
N145		
N150		
N160		
N170		
N180		
N190		
N200		
N210		
N220		
N230		
N240		
N250		
N260		
N270		
N280		

续表

程序段号	心套	00001;
	加工程序	程序说明
N290		
N300		
N310		
N320		
N330		
N340		
N350		
N360		
N370		
N380		
N390		
N400		

学习活动 2　小锥度心轴的数控模拟仿真加工

学习目标

1. 能够熟练应用斐克模拟仿真软件的各项功能。

2. 能够利用斐克模拟仿真软件完成小锥度心轴零件的数控模拟仿真加工。

学习过程

一、斐克软件模拟加工设置

在斐克数控仿真加工软件中，如何进行机床类型的选择、毛坯的选择、刀具的选择，如何安装毛坯、刀具，如何确定毛坯装夹位置？

1. 机床类型选择。

2. 毛坯大小与装夹位置设置。

3. 刀具选择与安装。

4. 对刀参数的设置。

二、　小锥度心轴模拟加工

1. 将编制好的零件程序调入仿真加工软件，运行程序进行自动加工，观察仿真加工的刀具运行轨迹是否符合小锥度心轴的数控加工要求？将结果记录下来（仿真加工轨迹图）。

2. 在小锥度心轴的模拟仿真加工过程中，如何保证零件的几何精度？

3. 根据小锥度心轴在模拟仿真加工过程中的各项记录，分析小锥度心轴零件的加工合理性，将分析结果及改进措施填入表2－2－1。

表 2－2－1

出现问题	出现问题原因	改进措施及方法	备注
问题 1			
问题 2			
问题 3			
问题 4			
问题 5			
问题 6			
问题 7			
问题 8			
问题 9			

4. 小锥度心轴加工完毕后，通过仿真软件内自带的检测工具测量，如果发现锥度和零件图纸上标注不相符，请分析产生原因。

5. 如果在加工过程中出现过切过欠切现象，分析产生原因并提出改进措施。

学习活动 3 小锥度心轴的模拟检验

学习目标

1. 能够熟练使用模拟软件中的检测工具。
2. 能够对小锥度心轴进行零件尺寸的模拟检验。
3. 能够根据模拟检测结果，分析并完善加工程序。

学习过程

一、 明确测量要素

认真分析零件图纸（图 2－0－1），明确小锥度心轴零件上有哪些关键尺寸需要进行测量？为什么？

二、 测量几何要素

1. 在小锥度心轴加工完毕以后，直径尺寸 $\phi 30 \pm 0.02$mm，模拟检测结果为 $\phi 30 + 0.07$mm。比对零件图纸，分析该尺寸加工是否合格。如果不合格，分析造成零件尺寸不合格的原因，提出下次加工过程中避免不合格因素的方法，并记录测量结果。

2. 在小锥度心轴加工完毕以后，锥度尺寸值 1：10，模拟检测结果为 1：10.5。比对零件图纸，分析该尺寸加工是否合格。如果不合格，分析造成零件尺寸不合格的原因，提出下次加工过程中避免不合格因素的方法，并记录测量结果。

3. 在小锥度心轴加工完毕以后，长度尺寸 30 ± 0.05，模拟检测结果为 $30 + 0.03$。比对零件图纸，分析该尺寸加工是否合格。如果不合格，分析造成零件尺寸不合格的原因，提出下次加工过程中避免不合格因素的方法，并记录测量结果。

4. 在零件的真实加工过程中，你会使用哪些测量工具对小锥度心轴进行检测？将所选用的测量工具类别及用法填入表 2－3－1。

表 2—3—1

测量部位	测量工具	用法	注意事项	备注

5. 在小锥度心轴的模拟检验过程中需不需要特制的测量工具？如果需要，说明为什么。

6. 根据加工中出现的问题，结合实际提出修改的工艺方案及措施，填写表 2—3—2。

表 2—3—2

不合格项目	产生原因	修改意见
尺寸不合格		
锥度不合格		
表面粗糙度达不到要求		

学习活动 4　学习成果展示与总结评价

学习目标

1. 能够讨论分析小锥度心轴产生加工缺陷的原因及改进措施。

2. 能够描述在小锥度心轴模拟仿真加工过程中学到的编程知识与技能。

3. 能够总结并分析在小锥度心轴的模拟仿真加工过程中所收获的经验与不足。

4. 能够在小组及全班面前进行小锥度心轴模拟仿真加工的成果展示。

学习过程

一、自我评价

1. 根据小锥度心轴零件模拟加工结果，进行自我分析，填写表2－4－1。分析小锥度心轴零件在加工过程中出现的不合理原因，并提出相应改进意见，将结果填入表2－4－2。

表 2－4－1

| 工件编号 | | | | 总得分 | | | |
项目	序号	技术要求	配分（分）	评分标准	检测记录	得分（分）
软件操作（20%）	1	正确开启机床、检测	4	不正确、不合理无分		
	2	机床返回参考点	4	不正确、不合理无分		
	3	程序的输入及修改	4	不正确、不合理无分		
	4	程序空运行轨迹检查	4	不正确、不合理无分		
	5	对刀的方式、方法	4	不正确、不合理无分		

续表

工件编号			配分(分)	总得分		
项目	序号	技术要求		评分标准	检测记录	得分(分)
程序与工艺(20%)	6	程序格式规范	4	不合格每处扣1分		
	7	程序正确、完整	8	不合格每处扣2分		
	8	工艺合理	8	不合格每处扣2分		
零件质量(50%)	9	$\phi 21mm$	5	超差不得分		
	10	$\phi 30 \pm 0.02mm$	10	超差不得分		
	11	$30 \pm 0.05mm$	5	超差不得分		
	12	52mm	5	超差不得分		
	13	1:10	15	超差不得分		
	14	$Ra0.8\mu m$	5	超差不得分		
	15	$Ra1.6\mu m$	5	超差不得分		
安全文明生产(10%)	21	安全操作	5	不按安全操作规程操作全扣分		
	22	机床清理	5	不合格全扣分		
总配分			100			

表2—4—2

不合格项目	产生原因	修改意见

2. 通过小锥度心轴零件的数控模拟加工，你学到了哪些知识？

3. 说明斐克数控仿真加工软件对小锥度心轴的模拟加工有什么帮助？

二、 小组互评

填写任务过程评价互评表，见表2—4—3。

表2—4—3

班级：_____ 姓名：_____ 学号：_____   年   月   日

评价项目及标准		配分（分）	等级评定			
			A	B	C	D
职业能力	1. 零件图纸分析	10				
	2. 测量工具熟悉	10				
	3. 仿真软件熟悉	10				
	4. 程序指令熟悉	5				
	5. 程序编制情况	5				
	6. 模拟检验情况	10				
	7. 问题分析及自我总结	10				
职业素养	1. 出勤情况，遵守纪律情况	5				
	2. 遵守安全操作规程	5				
	3. 能否有效沟通，使用基本的文明用语	5				
	4. 有无安全意识	5				
	5. 是否主动参与卫生清扫和保护环境	5				
	6. 能否与组员主动交流、积极合作	5				
	7. 能否自我学习及自我管理	5				
	8. 工作场所整理达标	5				
简要评述			学习建议			

等级评定：

A：优（得分/配分＞90％）；

B：好（得分/配分＞80％）；

C：一般（得分/配分＞60％）；

D：有待提高（得分/配分＜60％）。

三、 现场整理与成果展示

1. 整理工作场地，按7S管理要求对工作场地进行打扫，将清扫过程中出现的问题进行记录，然后进行小组研讨，提出合理化建议。

2. 进行小组成果展示（PPT）。

四、 综合评价

填写小锥度心轴零件加工综合评价表，见表2－4－4。

表2－4－4

班级：_____　姓名：_____　学号：_____

项目	自我评价			小组评价			教师评价		
	9～10	6～8	1～5	9～10	6～8	1～5	9～10	6～8	1～5
	占总评10％			占总评30％			占总评60％		
学习活动1									
学习活动2									
学习活动3									
学习活动4									
表达能力									
协作精神									
纪律观念									
工作态度									
分析能力									
操作规范性									
任务总体表现									
小计									
总评									

任课教师：　　　年　月　日

学习任务三　皮带轮的编程与模拟加工

学习目标

1. 能够遵守机房各项管理规定，并规范使用计算机。
2. 能够应用三角函数知识计算皮带轮零件图中相应基点坐标。
3. 能够正确编制皮带轮零件加工工艺卡。
4. 能够正确编写皮带轮零件的数控加工程序，并绘制皮带轮零件的数控车削加工轨迹。
5. 能够熟练应用斐克仿真软件的各项功能，完成皮带轮零件的数控车削模拟仿真加工，并能根据模拟仿真测量结果完善程序。
6. 能够积极展示学习成果，通过自评、小组互评讨论总结和反思学习活动，以提高学习效率。

建议学时

12 学时

情景描述

牡丹江技师学院委托机械工程系加工一批皮带轮企业生产任务，机械系主任将生产任务交给数控车削加工车间。为了锻炼学生们的实际工作能力，尽早与企业生产相融合，数控车间主任将皮带轮的数控编程与模拟加工任务交给了学生。学生们通过这个任务需要学习微机室管理规定，认真分析零件图样（图 3-0-1），制定相应加工方案，根据相应资料编写零件加工程序，并且通过模拟加工检验程序的可行性，制定最终加工方案。

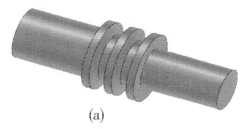

(a)

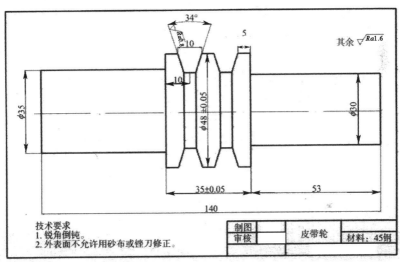

(b)

图 3－0－1

🗙 **工作流程**

学习活动 1　皮带轮的数控加工工艺处理与编程

学习活动 2　皮带轮的数控模拟仿真加工

学习活动 3　皮带轮的模拟检验

学习活动 4　学习成果展示与总结评价

学习活动 1　皮带轮的数控加工工艺处理与编程

学习目标

1. 能够利用三角函数计算未知点坐标值。

2. 能够了解皮带轮加工的相关知识与技巧。

3. 能够合理地优化加工路线，并对皮带轮零件进行合理的工艺安排。

4. 能够正确编制皮带轮的数控加工程序。

学习过程

一、图样分析

1. 查阅相关资料，了解皮带轮的相关用途，在批量生产过程中需要什么设备来加工？

2. 分析零件图样（图 3－0－1），根据图纸要求写出皮带轮零件加工的主要尺寸？

3. 皮带轮零件在加工过程中，切槽角度对皮带轮有影响吗？如果有，说明原因。

4. 皮带轮槽底宽度对加工有哪些影响？

5. 皮带轮加工过程中对材质有特殊要求吗？

二、刀具选择与数控加工工艺制定

1. 根据皮带轮零件加工图样，说明皮带轮加工有哪些内容？将相关内容填入表3－1－1。

表 3－1－1

加工步骤	加工内容	备注

续表

加工步骤	加工内容	备注

2. 通过零件图样分析，给出适合皮带轮加工的数控刀具，并将刀具的作用加以说明（表 3—1—2）。

表 3—1—2

产品名称或代号		零件名称		零件图号	
刀具号	刀具名称	数控	加工内容	刀尖半径（mm）	刀具规格（mm×mm）
编制		审核		批准		第　页	共　页

3. 在切槽刀具的选取过程中需要注意哪些问题？

4. 现有切断宽度分别为 3mm、4mm、5mm、6mm 四把切断刀，要想完成本零件图纸的加工，你认为需要哪几把刀？

5. 如果在工厂进行批量生产，粗精加工是否需要分开进行？为什么？

6. 在皮带轮的加工过程中，你认为是铸造好的毛坯加工效率高，还是棒料毛坯加工效率高？

7. 根据图 3—1—1，确定皮带轮加工的定位基准，并绘制合理的加工路线。

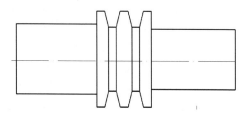

图 3—1—1

8. 根据以上分析，完成皮带轮零件的数控加工工序卡的填写（表 3—1—3）。

表 3—1—3

单位名称		产品名称或代号	零件名称	零件图号
工序号	程序编号	夹具名称	使用设备	车间

工步号	工步内容	刀具号	刀具规格 (mm)	主轴转速 (r/min)	进给速度 (mm/min)	背吃刀量 (mm)	备注
编制		审核		批准		共 页	第 页

三、 程序编制

1. 在图 3－1－2 中绘制出工件坐标系零点。

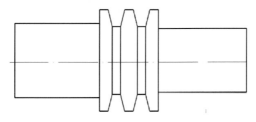

图 3－1－2

2. 查阅资料写出 7S 指令相关参数含义。

3. 要完成皮带轮零件的数控加工，需要哪些指令来完成？

4. 完成皮带轮零件的数控车削加工程序编写，并将程序填入表 3－1－4。

表 3－1－4

程序段号	皮带轮	00001；
	加工程序	程序说明
N5		
N10		
N15		
N20		
N25		
N30		
N35		
N40		
N45		
N50		
N55		

续表

程序段号	皮带轮	00001；
	加工程序	程序说明
N60		
N65		
N70		
N75		
N80		
N85		
N90		
N95		
N100		
N105		
N110		
N115		
N120		
N125		
N130		
N135		
N140		
N145		
N150		
N160		
N170		
N180		

续表

程序段号	皮带轮	00001;
	加工程序	程序说明
N190		
N200		
N210		
N220		
N230		
N240		
N250		
N260		
N270		
N280		
N290		
N300		
N310		
N320		
N330		
N340		
N350		
N360		
N370		
N380		
N390		
N400		

学习活动 2　皮带轮的数控模拟仿真加工

学习目标

1. 能够熟练应用斐克模拟仿真软件各项功能。

2. 能够模拟数控车床操作，完成皮带轮零件的数控车削模拟仿真加工。

学习过程

一、模拟加工设置

在斐克数控仿真加工软件中，如何进行机床类型的选择，毛坯的选择，刀具的选择，如何安装毛坯、刀具，如何确定毛坯装夹位置？

1. 机床类型选择。

2. 毛坯大小与装夹位置设置。

3. 刀具选择与安装。

4. 对刀参数的设置。

二、皮带轮模拟加工

1. 将编制好的零件程序调入仿真加工软件，运行程序进行自动加工，观察仿真加工的刀具运行轨迹是否符合皮带轮的数控加工要求？将结果记录下来。

2. 在皮带轮的模拟仿真加工过程中，如何保证零件的几何精度？

3. 根据皮带轮在模拟仿真加工过程中的各项记录，分析皮带轮零件的加工合理性，将分析结果及改进措施填入表 3－2－1。

表 3－2－1

出现问题	出现问题原因	改进措施及方法	备注
问题 1			
问题 2			

出现问题	出现问题原因	改进措施及方法	备注
问题 3			
问题 4			
问题 5			
问题 6			
问题 7			
问题 8			
问题 9			

4. 皮带轮加工完毕后，通过仿真软件内自带的检测工具测量，如果发现皮带轮角度和零件图纸上标注不相符，分析产生原因。

5. 如果在加工过程中出现过切过欠切现象，分析产生原因并提出改进措施。

6. 皮带轮加工过程中，刀具选择、吃刀量选择对加工结果有哪些影响？

学习活动 3　皮带轮的模拟检验

学习目标

1. 能够熟练使用模拟软件中的检测工具。

2. 能够对皮带轮进行零件尺寸的模拟检验。

3. 能够根据模拟检测结果，分析并完善加工程序。

学习过程

一、明确测量要素

认真分析零件图纸（图 3—0—1），明确皮带轮零件上有哪些关键尺寸需要进行测量，为什么？

二、 测量几何要素

1. 在皮带轮加工完毕以后，直径尺寸 $\phi48\pm0.05$mm，模拟检测结果为 $\phi48 -0.06$mm。比对零件图纸，分析该尺寸加工是否合格。如果不合格，分析造成零件尺寸不合格的原因，提出下次加工过程中避免不合格因素的方法，并记录测量结果。

2. 在皮带轮加工完毕以后，皮带轮槽角度 34°模拟检测结果为 32°，比对零件图纸，分析该尺寸加工是否合格。如果不合格，分析造成零件尺寸不合格的原因，提出下次加工过程中避免不合格因素的方法，并记录测量结果。

3. 在皮带轮加工完毕以后，长度尺寸 35 ± 0.05mm，模拟检测结果为 35 -0.08mm。比对零件图纸，分析该尺寸加工是否合格。如果不合格，分析造成零件尺寸不合格的原因，提出下次加工过程中避免不合格因素的方法，并记录测量结果。

4. 在皮带轮芯轴加工完毕以后，皮带轮槽底宽度为 5mm，分析该尺寸加工是否合格？如果不合格，分析造成零件尺寸不合格的原因，提出下次加工过程中避免不合格因素的方法，并记录测量结果。

5. 在零件的真实加工过程中，你会使用哪些测量工具对皮带轮进行检测？将你所选用的测量工具类别及用法填入表 3－3－1。

表 3－3－1

测量部位	测量工具	用法	注意事项	备注

6. 在皮带轮的模拟检验过程中需不需要特制的测量工具？如果需要，说明为什么？

7. 根据加工中出现的问题，结合实际提出修改的工艺方案及措施。

学习活动 4　学习成果展示与总结评价

💬 **学习目标**

1. 能够讨论分析皮带轮产生加工缺陷的原因及改进措施。

2. 能够描述在皮带轮模拟仿真加工过程中学到的编程知识与技能。

3. 能够总结并分析在皮带轮的模拟仿真加工过程中所收获的经验与不足。

4. 能够在小组及全班面前进行皮带轮模拟仿真加工的成果展示。

🛋 **学习过程**

一、　自我评价

1. 根据皮带轮零件模拟加工结果，进行自我分析，填写表3－4－1。分析皮带轮零件在加工过程中出现的不合理原因，并提出相应改进意见，将结果填入表3－4－2。

表 3－4－1

工件编号				总得分			
项目	序号	技术要求	配分（分）		评分标准	检测记录	得分（分）
软件操作（20%）	1	正确开启机床、检测	4	不正确、不合理无分			
	2	机床返回参考点	4	不正确、不合理无分			
	3	程序的输入及修改	4	不正确、不合理无分			
	4	程序空运行轨迹检查	4	不正确、不合理无分			
	5	对刀的方式、方法	4	不正确、不合理无分			

续表

工件编号			配分	总得分		
项目	序号	技术要求	（分）	评分标准	检测记录	得分（分）
程序与工艺（20%）	6	程序格式规范	4	不合格每处扣1分		
	7	程序正确、完整	8	不合格每处扣2分		
	8	工艺合理	8	不合格每处扣2分		
零件质量（50%）	9	53mm	5	超差不得分		
	10	$\phi 48\pm0.05$mm	10	超差不得分		
	11	30 ± 0.05mm	10	超差不得分		
	12	34°	5	超差不得分		
	13	5mm 槽宽	10	超差不得分		
	14	$Ra0.8\mu$m	5	超差不得分		
	15	$Ra1.6\mu$m	5	超差不得分		
安全文明生产（10%）	21	安全操作	5	不按安全操作规程操作全扣分		
	22	机床清理	5	不合格全扣分		
总配分			100			

表 3—4—2

不合格项目	产生原因	修改意见

2. 通过皮带轮零件的数控模拟加工，你学到了哪些知识？

3. 说明斐克数控仿真加工软件对皮带轮的模拟加工有什么帮助？

二、 小组互评

填写任务过程评价互评表，见表 3—4—3。

表 3－4－3

班级：_____　姓名：_____　学号：_____

评价项目及标准		配分（分）	等级评定			
			A	B	C	D
职业能力	1. 零件图纸分析	10				
	2. 测量工具熟悉	10				
	3. 仿真软件熟悉	10				
	4. 程序指令熟悉	5				
	5. 程序编制情况	5				
	6. 模拟检验情况	10				
	7. 问题分析及自我总结	10				
职业素养	1. 出勤情况，遵守纪律情况	5				
	2. 遵守安全操作规程	5				
	3. 能否有效沟通，使用基本的文明用语	5				
	4. 有无安全意识	5				
	5. 是否主动参与卫生清扫和保护环境	5				
	6. 能否与组员主动交流、积极合作	5				
	7. 能否自我学习及自我管理	5				
	8. 工作场所整理达标	5				
简要评述		学习建议				

等级评定：

A：优（得分/配分＞90％）；

B：好（得分/配分＞80％）；

C：一般（得分/配分＞60％）；

D：有待提高（得分/配分＜60％）。

三、 现场整理与成果展示

1. 整理工作场地，按 7S 管理要求对工作场地进行打扫，将清扫过程中出现的问题进行记录，然后进行小组研讨，提出合理化建议。

2. 进行小组成果展示（PPT）。

四、 综合评价

填写皮带轮零件加工综合评价表，见表 3－4－4。

表 3－4－4

班级：_____ 姓名：_____ 学号：_____

项目	自我评价			小组评价			教师评价		
	9～10	6～8	1～5	9～10	6～8	1～5	9～10	6～8	1～5
	占总评 10％			占总评 30％			占总评 60％		
学习活动 1									
学习活动 2									
学习活动 3									
学习活动 4									
表达能力									
协作精神									
纪律观念									
工作态度									
分析能力									
操作规范性									
任务总体表现									
小计									
总评									

任课教师：　　　　年　月　日

学习任务四　螺纹轴的编程与模拟加工

学习目标

1. 能认真遵守机房各项管理规定，并按照规范要求合理使用计算机。

2. 能应用相应三角函数计算螺纹轴锥度。

3. 正确填写螺纹轴数控加工工艺卡片。

4. 能够绘制螺纹轴数控加工走刀路线，并且编写其数控加工程序。

5. 能够熟练应用数控仿真加工软件完成螺纹轴的数控模拟仿真加工，并进行模拟检验测量。

6. 进行自我评价，学生互评，展示小组学习成果。

建议学时

16 学时

情景描述

牡丹江技师学院数控实习车间为了生产一批零件，需要额外加工一批工装，即螺纹轴，数控车间主任将螺纹轴的数控编程与模拟加工任务交给了学生。学生们通过这个任务需要学习微机室管理规定，认真分析零件图样（图 4—0—1），制定相应加工方案，根据相应资料编写零件加工程序，并且通过模拟加工检验程序的可行性，制定最终加工方案。

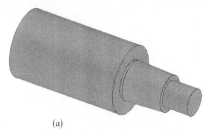

(a)

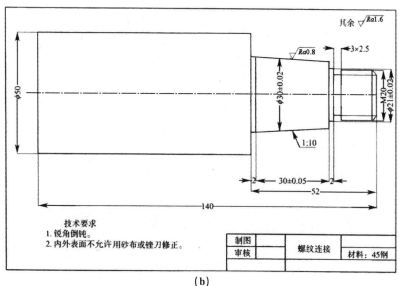

(b)

图 4—0—1

![工作流程]

学习活动 1　螺纹轴的数控加工工艺处理与编程

学习活动 2　螺纹轴的数控模拟仿真加工

学习活动 3　螺纹轴的模拟检验

学习活动 4　学习成果展示与总结评价

学习活动1　螺纹轴的数控加工工艺处理与编程

学习目标

1. 能正确选择加工三角螺纹的切削用量。
2. 能进行螺纹参数计算。
3. 能正确填写螺纹轴零件加工工艺卡片。
4. 能编写螺纹轴的数控车削加工程序。

学习过程

一、图样分析

1. 结合零件图纸及任务领取任务明细情况，确定本次模拟加工的毛坯材质、尺寸，为达到工装要求需不需要进行热处理？对材料的硬度、耐磨度有无特殊要求？

2. 零件图上是否漏掉某尺寸或尺寸标注不清，从而影响零件的编程？若发现问题，应向设计人员或工艺制定部门请示并提出修改意见。

3. 本任务所加工的螺纹轴零件的右端是 M20 的普通三角螺纹，查阅资料，了解并说明普通三角螺纹的作用和加工要求是什么？

4. 在螺纹切削时，由于刀具的挤压使得最后加工出来的顶径产生塑性膨胀，从而影响螺纹的装配和正常使用，所以螺纹车削前的螺纹大径应车至公称直径小 $0.13P$，以保证车削后的螺纹牙顶处有 $0.125P$ 的宽度。计算本任务的螺纹轴零件的螺纹直径应是多少？

5. 找出螺纹轴零件图样上尺寸精度及表面结构要求较高的加工表面。

6. 根据问题 5 的结果，判断能否利用数控车削加工达到尺寸精度及表面结构要求？需采用什么工艺方法？

二、刀具选择与工艺制定

1. 根据螺纹轴图样，在数控外轮廓车削中，应选择什么样的车刀？并说明选择原因。是否应该加刀具圆弧半径，应选择多大的刀尖半径？为什么？

2. 说明数控中退刀槽3×2.5的意义。

3. 通过观看数控车削加工教学视频或查找资料，计算螺纹轴零件的三角螺纹牙深。需要几刀才能车削至螺纹牙深？每一刀的背吃刀量是多少？

4. 根据上述分析，完成螺纹轴加工的车削刀具表，见表4—1—1。

表4—1—1

产品名称或代号		零件名称		零件图号	
刀具号	刀具名称	数控	加工内容	刀尖半径 （mm）	刀具规格 （mm×mm）
编制		审核		批准	第　页　　共　页

5. 根据图4—1—1确定螺纹轴零件的定位基准，合理拟定零件加工的工艺路线。

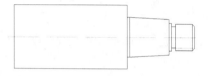

图4—1—1

6. 完成螺纹轴零件数控加工工序表，见表4—1—2。

表 4—1—2

单位名称	产品名称或代号		零件名称		零件图号		
工序号	程序编号	夹具名称		使用设备		车间	
工步号	工步内容	刀具号	刀具规格（mm）	主轴转速（r/min）	进给速度（mm/min）	背吃刀量（mm）	备注
编制		审核		批准		共　页	第　页

三、 程序编制

1. 在图4—1—2中绘制出编程坐标系，标出编程远点。

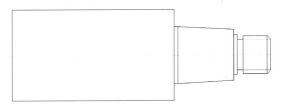

图 4—1—2

2. 螺纹轴零件右端由 1:10 锥度组成，根据给出的零件图 4—0—1的已知条件，手工计算或利用计算机软件计算零件图样基点的坐标值。

3. 查阅编程手册，写出螺纹切削指令、螺纹切削循环指令的格式、应用场合，以及螺纹轴加工是怎么样应用以上指令的？

4. 在螺纹加工轨迹中，应设置足够的升速进刀段 δ_1 和降速退刀段 δ_2 以消除伺服滞后造成的螺距误差，如图 4－1－3 所示。在螺纹轴零件中加工过程中，如何实现升速进刀段 δ_1 和降速退刀段 δ_2？

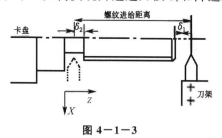

图 4－1－3

5. 根据螺纹轴零件图样以及前述问题，编写数控加工程序并填写入表 4－1－3。

表 4－1－3

程序段号	螺纹轴	00001；
	加工程序	程序说明
N5		
N10		
N15		
N20		
N25		
N30		
N35		
N40		
N45		
N50		

续表

程序段号	螺纹轴 加工程序	00001； 程序说明
N55		
N60		
N65		
N70		
N75		
N80		
N85		
N90		
N95		
N100		
N105		
N110		
N115		
N120		
N125		
N130		
N135		
N140		
N145		
N150		
N160		
N170		
N180		

续表

程序段号	螺纹轴	00001；
	加工程序	程序说明
N190		
N200		
N210		
N220		
N230		
N240		
N250		
N260		
N270		
N280		
N290		
N300		
N310		
N320		
N330		
N340		
N350		
N360		
N370		
N380		
N390		
N400		

学习活动 2　螺纹轴的数控模拟仿真加工

学习目标

1. 能够熟练应用斐克模拟仿真软件的各项功能。

2. 能够利用斐克模拟仿真软件完成螺纹轴零件的数控模拟仿真加工。

学习过程

一、斐克软件模拟加工设置

在斐克数控仿真加工软件中，如何进行机床类型的选择，毛坯的选择，刀具的选择，如何安装毛坯、刀具，如何确定毛坯装夹位置？

1. 机床类型选择。

2. 毛坯大小与装夹位置设置。

3. 刀具选择与安装。

4. 对刀参数的设置。

二、螺纹轴模拟加工

1. 将编制好的零件程序调入仿真加工软件，运行程序进行自动加工，观察仿真加工的刀具运行轨迹是否符合螺纹轴的数控加工要求？将结果记录下来。

2. 在螺纹轴的模拟仿真加工过程中，如何保证零件的几何精度？

3. 根据螺纹轴在模拟仿真加工过程中的各项记录，分析螺纹轴零件的加工合理性，将分析结果及改进措施填入表 4—2—1。

表 4—2—1

出现问题	出现问题原因	改进措施及方法	备注
问题 1			
问题 2			

续表

出现问题	出现问题原因	改进措施及方法	备注
问题 3			
问题 4			
问题 5			
问题 6			
问题 7			
问题 8			
问题 9			

4. 螺纹轴加工完毕后，通过仿真软件内自带的检测工具测量，如果发现锥度和零件图纸上标注不相符，分析产生原因。

5. 如果在加工过程中出现过切、过欠切现象，分析产生原因并提出改进措施。

6. 在螺纹加工中，主轴转速不一致会引起什么后果？可以用什么办法避免？

学习活动 3　螺纹轴的模拟检验

学习目标

1. 能够熟练使用模拟软件中的检测工具。
2. 能够对螺纹轴进行零件尺寸的模拟检验。
3. 能够根据模拟检测结果，分析并完善加工程序。

学习过程

一、明确测量要素

认真分析零件图纸（图 4—0—1），明确螺纹轴零件上有哪些关键尺寸需要进行测量？为什么？

二、 测量几何要素

1. 螺纹轴零件加工完毕后，通过仿真软件的模拟检验发现直径 ϕ50mm、ϕ30±0.02mm，ϕ21±0.02mm 的实际尺寸，分别是 ϕ49.95mm、ϕ29.94mm、ϕ20.95mm。这些尺寸是否合格？如果不合格，是什么原因造成的？应该采用什么方法避免？记录你的测量结果。

2. 在螺纹轴加工完毕以后，锥度尺寸值 1∶10，模拟检测结果为 1∶10.5，比对零件图纸，分析该尺寸加工是否合格？如果不合格，分析造成零件尺寸不合格的原因，提出下次加工过程中避免不合格因素的方法，并记录测量结果。

3. 螺纹轴零件 3mm×2.5mm 的退刀槽加工完毕后，通过仿真软件的模拟检验发现退刀的尺寸超差。槽的直径 ϕ15.63mm，槽到右端面长度距离 15.56mm。这是什么原因造成的？应该采用什么方法避免？记录测量结果。

4. 螺纹轴零件 M20 的螺纹加工完毕后，通过观察发现螺纹长度没有加工到位。是什么原因造成的？应该采用什么方法避免？记录测量结果。

5. 螺纹轴零件加工完毕后，通过仿真软件发现长度 30±0.05mm 的实际尺寸是 30.12mm。这是什么原因造成的？应该采用什么方法避免？记录测量结果。

6. 在零件的真实加工过程中，你会使用哪些测量工具对螺纹轴进行检测？将所选用的测量工具类别及用法填入表 4-3-1。

表 4-3-1

测量部位	测量工具	用法	注意事项	备注

7. 根据加工中出现的问题，结合实际提出修改的工艺方案及措施，填写表 4-3-2。

表 4-3-2

不合格项目	产生原因	修改意见
尺寸不合格		
锥度不合格		
表面粗糙度达不到要求		

学习活动 4　学习成果展示与总结评价

学习目标

1. 能够讨论并分析螺纹轴产生加工缺陷的原因及改进措施。

2. 能够描述在螺纹轴模拟仿真加工过程中学到的编程知识与技能。

3. 能够总结并分析在螺纹轴的模拟仿真加工过程中所收获的经验与不足。

4. 能够在小组及全班面前进行螺纹轴模拟仿真加工的成果展示。

学习过程

一、自我评价

1. 根据螺纹轴零件模拟加工结果，进行自我分析，填写表 4-4-1。分析螺纹轴零件在加工过程中出现的不合理原因，并提出相应改进意见，将结果填入表 4-4-2。

表 4—4—1

工件编号				总得分			
项目	序号	技术要求	配分（分）	评分标准		检测记录	得分（分）
软件操作（20%）	1	正确开启机床、检测	4	不正确、不合理无分			
	2	机床返回参考点	4	不正确、不合理无分			
	3	程序的输入及修改	4	不正确、不合理无分			
	4	程序空运行轨迹检查	4	不正确、不合理无分			
	5	对刀的方式、方法	4	不正确、不合理无分			
程序与工艺（20%）	6	程序格式规范	4	不合格每处扣 1 分			
	7	程序正确、完整	8	不合格每处扣 2 分			
	8	工艺合理	8	不合格每处扣 2 分			
零件质量（50%）	9	$\phi50$mm	2	超差不得分			
	10	$\phi30\pm0.02$mm	5	超差不得分			
	11	$\phi21\pm0.02$mm	5	超差不得分			
	12	140mm	2	超差不得分			
	13	52mm	2	超差不得分			
	14	2mm	1	超差不得分			
	15	$\phi30\pm0.05$mm	5	超差不得分			
	16	2mm	1	超差不得分			
	17	（3×2.5）mm	2	超差不得分			
	18	M20	15	超差不得分			
	19	1：10	4	超差不得分			
	20	$Ra0.8\mu$m	2	超差不得分			
	21	$Ra1.6\mu$m	2	超差不得分			
	21	$Ra1.6\mu$m	2	超差不得分			
	22	C2	2	超差不得分			

续表

工件编号				总得分		
项目	序号	技术要求	配分 (分)	评分标准	检测 记录	得分 (分)
安全文明 生产 (10%)	21	安全操作	5	不按安全操作规 程操作全扣分		
	22	机床清理	5	不合格全扣分		
总配分			100			

表4—4—2

不合格项目	产生原因	修改意见

2. 通过螺纹轴零件的数控模拟加工,你学到了哪些知识?

3. 说明斐克数控仿真加工软件对螺纹轴的模拟加工有什么帮助?

二、 小组互评

填写任务过程评价互评表,见表4—4—3。

表4—4—3

班级:＿＿＿＿＿＿ 姓名:＿＿＿＿＿＿ 学号:＿＿＿＿＿＿

评价项目及标准		配分 (分)	等级评定			
			A	B	C	D
职 业 能 力	1. 零件图纸分析	10				
	2. 测量工具熟悉	10				
	3. 仿真软件熟悉	10				
	4. 程序指令熟悉	5				
	5. 程序编制情况	5				
	6. 模拟检验情况	10				
	7. 问题分析及自我总结	10				

评价项目及标准		配分（分）	等级评定			
			A	B	C	D
职业素养	1. 出勤情况，遵守纪律情况	5				
	2. 遵守安全操作规程	5				
	3. 能否有效沟通，使用基本的文明用语	5				
	4. 有无安全意识	5				
	5. 是否主动参与卫生清扫和保护环境	5				
	6. 能否与组员主动交流、积极合作	5				
	7. 能否自我学习及自我管理	5				
	8. 工作场所整理达标	5				
简要评述		学习建议				

等级评定：

A：优（得分/配分＞90％）；

B：好（得分/配分＞80％）；

C：一般（得分/配分＞60％）；

D：有待提高（得分/配分＜60％）。

三、　现场整理与成果展示

1. 整理工作场地，按 7S 管理要求对工作场地进行打扫，将清扫过程中出现的问题进行记录，然后进行小组研讨，提出合理化建议。

2. 进行小组成果展示（PPT）。

四、　综合评价

填写螺纹轴零件加工综合评价表，见表 4－4－4。

表 4—4—4

班级：_____ 姓名：_____ 学号：_____

项目	自我评价			小组评价			教师评价		
	9～10	6～8	1～5	9～10	6～8	1～5	9～10	6～8	1～5
	占总评10％			占总评30％			占总评60％		
学习活动 1									
学习活动 2									
学习活动 3									
学习活动 4									
表达能力									
协作精神									
纪律观念									
工作态度									
分析能力									
操作规范性									
任务总体表现									
小计									
总评									

任课教师：　　　年　月　日

学习任务五 轴套零件的编程与模拟加工

1. 能认真遵守机房各项管理规定，并按照规范要求合理使用计算机。

2. 能应用相应三角函数计算轴套零件锥度。

3. 正确填写轴套零件数控加工工艺卡片。

4. 能够绘制轴套零件数控加工走刀路线，并且编写其数控加工程序。

5. 能够熟练应用数控仿真加工软件完成轴套零件的数控模拟仿真加工，并进行模拟检验测量。

6. 进行自我评价、学生互评，展示小组学习成果。

建议学时

10 学时

情景描述

牡丹江技师学院数控实习车间为了生产一批零件，需要额外加工一批工装，即轴套零件，数控车间主任将轴套零件的数控编程与模拟加工任务交给了学生。学生们通过这个任务需要学习微机室管理规定，认真分析零件图样（图 5－0－1），制定相应加工方案，根据相应资料编写零件加工程序，并且通过模拟加工检验程序的可行性，制定最终加工方案。

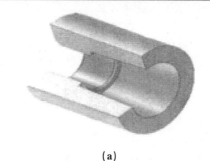

（a）

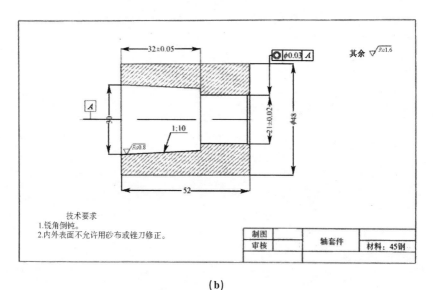

（b）

图 5—0—1

工作流程

学习活动 1　轴套零件的数控加工工艺处理与编程

学习活动 2　轴套零件的数控模拟仿真加工

学习活动 3　轴套零件的模拟检验

学习活动 4　学习成果展示与总结评价

学习活动1　轴套零件的数控加工工艺处理与编程

学习目标

1. 能正确选用轴套零件加工所用刀具的几何参数及切削用量。
2. 能正确填写轴套零件加工工艺卡片。
3. 能编写轴套零件的数控车削加工程序。

学习过程

一、图样分析

1. 请结合零件图5—0—1及任务领取任务明细情况，确定本次模拟加工的毛坯材质、尺寸，为达到工装要求需不需要进行热处理？对材料的硬度、耐磨度有无特殊要求？

2. 零件图上是否漏掉某尺寸或尺寸标注不清，从而影响零件的编程？若发现问题，应向设计人员或工艺制定部门请示并提出修改意见。

3. 本零件的关键尺寸有哪些？零件图样中所标注的基准都在什么部位？

4. 找出轴套零件图样上尺寸精度及表面结构要求较高的加工表面。

5. 根据问题4的结果，判断能否利用数控车削加工达到尺寸精度及表面结构要求？需采用什么工艺方法？

6. 从零件图中找出 ⊙ ⌀0.03 A 几何公差符号，并说明其含义。如加工后未达到几何公差的精度要求，会对零件使用产生什么影响？

二、刀具选择与工艺制定

1. 根据轴套零件图样，在数控外轮廓车削中，应选择什么样的车刀？并说明选择原因。是否应该加刀具圆弧半径，应选择多大的刀尖半径？为什么？

2. 根据轴套零件图样，在加工中如何选择孔加工刀具？如何区分通孔车刀和不通孔车刀？

3. 加工内孔时粗、精加工轴套内孔应该选择多大的刀尖半径？

4. 根据上述分析，完成轴套零件加工的车削刀具表，见表5—1—1。

表 5—1—1

产品名称或代号		零件名称		零件图号	
刀具号	刀具名称	数控	加工内容	刀尖半径 （mm）	刀具规格 （mm×mm）
编制		审核		批准		第　页　　共　页

5. 根据图 5—1—1，确定轴套零件的定位基准，合理拟定零件加工的工艺路线。

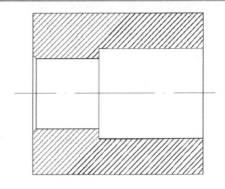

图 5—1—1

6. 完成轴套零件数控加工工序表，见表 5—1—2。

表 5—1—2

单位 名称		产品名称或代号		零件名称		零件图号	
工序号	程序编号	夹具名称		使用设备		车间	
工步号	工步内容	刀具号	刀具规格 （mm）	主轴转速 （r/min）	进给速度 （mm/min）	背吃刀量 （mm）	备注
编　制		审　核		批　准		共　页　第　页	

三、 程序编制

1. 在图 5—1—2 中绘制出编程坐标系，标出编程原点。

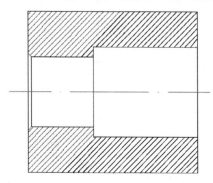

图 5—1—2

2. 根据以前学习的编程指令，写出轴套零件用哪些指令编程加工的效率更高。

（1）外轮廓粗、精加工。

（2）内轮廓粗、精加工。

3. 根据轴套零件图样以及前述问题，编写数控加工程序并填写入表 5—1—3。

表 5—1—3

程序段号	轴套零件	00001；
	加工程序	程序说明
N5		
N10		
N15		
N20		
N25		
N30		
N35		

程序段号	轴套零件	00001;
	加工程序	程序说明
N40		
N45		
N50		
N55		
N60		
N65		
N70		
N75		
N80		
N85		
N90		
N95		
N100		
N105		
N110		
N115		
N120		
N125		
N130		
N135		
N140		
N145		
N150		

程序段号	轴套零件	00001;
	加工程序	程序说明
N160		
N170		
N180		
N190		
N200		
N210		
N220		
N230		
N240		
N250		
N260		
N270		
N280		
N290		
N300		
N310		
N320		
N330		
N340		
N350		
N360		
N370		
N380		
N390		
N400		

学习活动 2　轴套零件的数控模拟仿真加工

学习目标

1. 能够熟练应用斐克模拟仿真软件的各项功能。

2. 能够利用斐克模拟仿真软件完成轴套零件的数控模拟仿真加工。

学习过程

一、斐克软件模拟加工设置

在斐克数控仿真加工软件中，如何进行机床类型的选择，毛坯的选择，刀具的选择，如何安装毛坯、刀具，如何确定毛坯装夹位置？

1. 机床类型选择。

2. 毛坯大小与装夹位置设置。

3. 刀具选择与安装。

4. 对刀参数的设置。

5. 内孔刀与外圆刀在对刀方法上有什么区别？为什么？

二、轴套零件模拟加工

1. 将编制好的零件程序调入仿真加工软件，运行程序进行自动加工，观察仿真加工的刀具运行轨迹是否符合轴套零件的数控加工要求？将结果记录下来。

2. 在轴套零件的模拟仿真加工过程中，如何保证零件的几何精度？

3. 根据轴套零件在模拟仿真加工过程中的各项记录，分析轴套零件的加工合理性，将分析结果及改进措施填入表 5－2－1。

表 5－2－1

出现问题	出现问题原因	改进措施及方法	备注
问题 1			
问题 2			
问题 3			
问题 4			
问题 5			
问题 6			
问题 7			
问题 8			
问题 9			

4. 轴套零件加工完毕后，通过仿真软件内自带的检测工具测量，如果发现锥度和零件图纸上标注不相符，分析产生原因。

5. 在模拟加工轴套零件时，如果内孔出现撞刀现象，是什么原因造成的？该怎么处理？

学习活动 3　轴套零件的模拟检验

学习目标

1. 能够熟练使用模拟软件中的检测工具。
2. 能够对轴套零件进行零件尺寸的模拟检验。
3. 能够根据模拟检测结果，分析并完善加工程序。

学习过程

一、明确测量要素

认真分析零件图纸（图 5－0－1），明确轴套零件上有哪些关键尺寸需要进行测量？为什么？

二、测量几何要素

1. 轴套零件加工完毕后，通过仿真软件的模拟检验发现直径 $\phi48mm$、$\phi21 \pm 0.02mm$ 的实际尺寸，分别是 $\phi47.95mm$、$\phi21.22mm$。这些尺寸是否合格？如果不合格，是什么原因造成的？应该采用什么方法避免？记录你的测量结果。

2. 在轴套零件加工完毕以后，锥度尺寸值 1∶10，模拟检测结果为 1∶10.5，比对零件图纸，分析该尺寸加工是否合格？如果不合格，分析造成零件尺寸不合格的原因，提出下次加工过程中避免不合格因素的方法，并记录测量结果。

3. 轴套零件加工完毕后，通过仿真软件发现长度 $30 \pm 0.05mm$ 的实际尺寸是 30.12mm。这是什么原因造成的？应该采用什么方法避免？记录测量结果。

4. 在零件的真实加工过程中，你会使用哪些测量工具对轴套零件进行检测？将所选用的测量工具类别及用法填入表 5－3－1。

表 5－3－1

测量部位	测量工具	用法	注意事项	备注

5. 根据加工中出现的问题，结合实际提出修改的工艺方案及措施，填写表 5－3－2。

表 5－3－2

不合格项目	产生原因	修改意见
尺寸不合格		
锥度不合格		
表面粗糙度达不到要求		

学习活动 4 学习成果展示与总结评价

学习目标

1. 能够讨论并分析轴套零件产生加工缺陷的原因及改进措施。

2. 能够描述在轴套零件模拟仿真加工过程中学到的编程知识与技能。

3. 能够总结并分析在轴套零件的模拟仿真加工过程中所收获的经验与不足。

4. 能够在小组及全班面前进行轴套零件模拟仿真加工的成果展示。

学习过程

一、 自我评价

1. 根据轴套零件模拟加工结果，进行自我分析填写表 5－4－1。分析轴套零件在加工过程中出现的不合理原因，并提出相应改进意见，将结果填入表 5－4－2。

表 5—4—1

工件编号		技术要求	配分 (分)	总得分		
项目	序号			评分标准	检测记录	得分 (分)
软件操作 (20%)	1	正确开启机床、检测	4	不正确、不 合理无分		
	2	机床返回参考点	4	不正确、不 合理无分		
	3	程序的输入及修改	4	不正确、不 合理无分		
	4	程序空运行轨迹检查	4	不正确、不 合理无分		
	5	对刀的方式、方法	4	不正确、不 合理无分		
程序与工艺 (20%)	6	程序格式规范	4	不合格每处 扣 1 分		
	7	程序正确、完整	8	不合格每处 扣 2 分		
	8	工艺合理	8	不合格每处 扣 2 分		
零件质量 (50%)	9	ϕ48mm	3	超差不得分		
	10	ϕ21$\pm$0.02mm	10	超差不得分		
	11	ϕ30mm	3	超差不得分		
	12	52mm	3	超差不得分		
	13	32$\pm$0.05mm	10	超差不得分		
	14	1:10 锥度	10	超差不得分		
	15	◎ 00.03 A	5	超差不得分		
	16	Ra0.8μm	2	超差不得分		
	17	Ra1.6μm	2	超差不得分		
	18	C2	2	超差不得分		

续表

工件编号		技术要求	配分	总得分		
项目	序号		(分)	评分标准	检测记录	得分 (分)
安全文明 生产 (10%)	21	安全操作	5	不按安全操作 规程操作全扣分		
	22	机床清理	5	不合格全扣分		
总配分			100			

表 5－4－2

不合格项目	产生原因	修改意见

2. 通过轴套零件的数控模拟加工, 你学到了哪些知识?

3. 说明斐克数控仿真加工软件对轴套零件的模拟加工有什么帮助?

二、 小组互评

填写任务过程评价互评表, 见表 5－4－3。

表 5－4－3

班级:_____ 姓名:_____ 学号:_____

评价项目及标准		配分 (分)	等级评定			
			A	B	C	D
职业能力	1. 零件图纸分析	10				
	2. 测量工具熟悉	10				
	3. 仿真软件熟悉	10				
	4. 程序指令熟悉	5				
	5. 程序编制情况	5				
	6. 模拟检验情况	10				
	7. 问题分析及自我总结	10				

评价项目及标准		配分（分）	等级评定			
			A	B	C	D
职业素养	1. 出勤情况，遵守纪律情况	5				
	2. 遵守安全操作规程	5				
	3. 能否有效沟通，使用基本的文明用语	5				
	4. 有无安全意识	5				
	5. 是否主动参与卫生清扫和保护环境	5				
	6. 能否与组员主动交流、积极合作	5				
	7. 能否自我学习及自我管理	5				
	8. 工作场所整理达标	5				
简要评述			学习建议			

等级评定：

A：优（得分/配分＞90％）；

B：好（得分/配分＞80％）；

C：一般（得分/配分＞60％）；

D：有待提高（得分/配分＜60％）。

三、 现场整理与成果展示

1. 整理工作场地，按7S管理要求对工作场地进行打扫，将清扫过程中出现的问题进行记录，然后进行小组研讨，提出合理化建议。

2. 进行小组成果展示（PPT）。

四、 综合评价

填写轴套零件加工综合评价表，见表5－4－4。

表 5－4－4

班级：_____ 姓名：_____ 学号：_____

项目	自我评价			小组评价			教师评价		
	9～10	6～8	1～5	9～10	6～8	1～5	9～10	6～8	1～5
	占总评10%			占总评30%			占总评60%		
学习活动1									
学习活动2									
学习活动3									
学习活动4									
表达能力									
协作精神									
纪律观念									
工作态度									
分析能力									
操作规范性									
任务总体表现									
小计									
总评									

任课教师：　　　年　月　日

学习任务六　综合件的编程与模拟加工

建议学时

10 学时

情景描述

　　牡丹江技师学院院办委托机械工程系加工一批综合件企业生产任务，机械系主任将生产任务交给数控车削加工车间。为了锻炼学生们的实际工作能力，尽早与企业生产相融合，数控车间主任将综合件的数控编程与模拟加工任务交给了学生。学生们通过这个任务需要学习

微机室管理规定，认真分析零件图样，制定相应加工方案，根据相应
资料编写零件加工程序，并且通过模拟加工检验程序的可行性，制定
最终加工方案（图 6－0－1）。

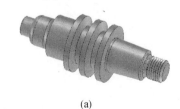

(a)

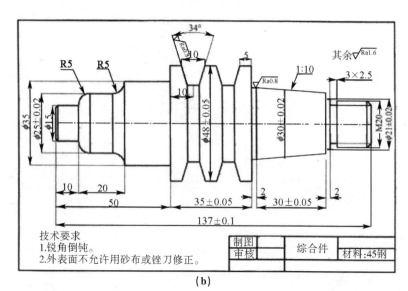

(b)

图 6－0－1

学习活动1　综合件的数控加工工艺处理与编程

学习目标

1. 能够利用三角函数计算未知点坐标值。
2. 能够了解综合件加工的相关知识与技巧。
3. 能够合理地优化加工路线，并对综合件零件进行合理的工艺安排。
4. 能够正确运用 G 指令编制综合件的数控加工程序。

学习过程

一、　图样分析

1. 分析零件图6－0－1，确定零件加工部位，该零件是否需要二次装夹？说明原因。

2. 分析零件图样，根据图纸要求写出综合加工的主要尺寸。

（1）外圆尺寸。

（2）长度尺寸。

（3）沟槽尺寸。

（4）锥度尺寸。

（5）螺纹尺寸。

3. 从以上尺寸中列举出带有公差的尺寸，并计算其极限尺寸。

4. 图中 3×2.5 代表什么意思？在整个零件构成中起什么作用？

5. 图中 M20 表示什么意思？详细说明其含义。

6. 在加工过程中哪些尺寸需要特别留意？你用什么办法来保证其公差范围？

7. 要完成本零件的数控加工，如何来安排粗精加工顺序？粗精加工的顺序对零件的加工有影响吗？

二、　刀具选择与数控加工工艺制定

1. 根据综合件零件图样，说明综合件有哪些加工内容？请将加工内容填入表6－1－1。

表 6－1－1

加工步骤	加工内容	备注

2. 在图 6－1－1 所示刀具中选取适合本零件的数控加工刀具，并将刀具的作用及用图等填入表 6－1－2。

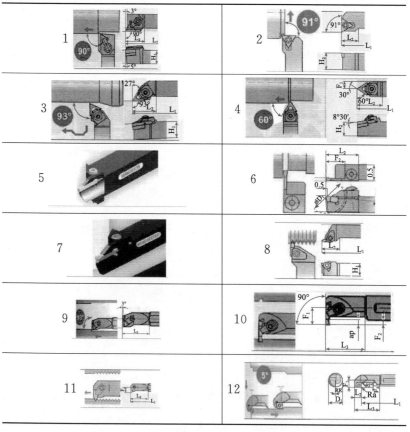

图 6－1－1

表 6－1－2

产品名称或代号		零件名称		零件图号	
刀具号	刀具名称	数量	加工内容	刀尖半径（mm）	刀具规格（mm×mm）
编制		审核		批准		第　页	共　页

3. 综合件加工需要掉头装夹，在掉头装夹过程中必须使用百分表进行找正，对百分表的使用方法进行阐述。

4. 在百分表的使用过程中有哪些注意事项？如何对百分表进行维修和保养？

5. 完成本零件图沟槽的加工，在切槽刀具的选取过程中需要注意哪些问题？

6. 如果在工厂进行批量生产，你认为该如何安排加工工序？

7. 根据图 6－1－2 确定皮带轮加工的定位基准，并绘制合理的加工路线。

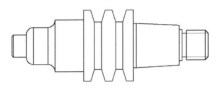

图 6－1－2

8. 根据以上分析，完成综合件零件的数控加工工序卡的填写（表6－1－3）。

表6－1－3

单位名称		产品名称或代号		零件名称		零件图号	
工序号	程序编号	夹具名称		使用设备		车间	
工步号	工步内容	刀具号	刀具规格（mm）	主轴转速（r/min）	进给速度（mm/min）	背吃刀量（mm）	备注
编制		审核		批准		共 页 第 页	

三、 程序编制

1. 在图6－1－3中绘制出工件坐标系零点。

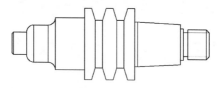

图6－1－3

2. 综合件加工需要掉头加工，如何确定二次装夹位置？在图6－1－3中标出二次装夹位置。

3. 要完成综合件零件的数控加工需要多个指令来完成，根据加工部位来选取相应指令，并对各指令的用途做以说明。

（1）外轮廓加工指令。

1）指令格式。

2）应用位置。

（2）沟槽加工指令。

1）指令格式。

2）应用位置。

（3）螺纹加工指令。

1）指令格式。

2）应用位置。

4. 综合件在确定装夹位置时，应该选取哪个表面作为定位基准面？二次装夹时应该注意哪些问题？

5. 为提高零件加工精度，在二次装夹加工螺纹沟槽及小锥度心轴过程中，是否需要使用顶尖？为什么？顶尖对加工有什么影响？

6. 完成综合件零件的数控车削加工程序编写，并将程序填入表6—1—4。

表6—1—4

程序段号	综合件	00001；
	加工程序	程序说明
N5		
N10		
N15		
N20		
N25		
N30		
N35		

程序段号	综合件	00001；
	加工程序	程序说明
N40		
N45		
N50		
N55		
N60		
N65		
N70		
N75		
N80		
N85		
N90		
N95		
N100		
N105		
N110		
N115		
N120		
N125		
N130		
N135		
N140		
N145		
N150		

程序段号	综合件	00001;
	加工程序	程序说明
N160		
N170		
N180		
N190		
N200		
N210		
N220		
N230		
N240		
N250		
N260		
N270		
N280		
N290		
N300		
N310		
N320		
N330		
N340		
N350		
N360		
N370		
N380		
N390		
N400		

学习活动 2   综合件的数控模拟仿真加工

学习目标

1. 能够熟练应用斐克模拟仿真软件各项功能。

2. 能够模拟数控车床操作，完成综合件零件的数控车削模拟仿真加工。

学习过程

一、 模拟加工设置

1. 在斐克数控仿真加工软件中，如何进行机床类型的选择，毛坯的选择，刀具的选择，如何安装毛坯、刀具，如何确定毛坯装夹位置？

（1）机床类型选择。

（2）毛坯大小与装夹位置设置。

（3）刀具选择与安装。

（4）对刀参数的设置。

2. 在模拟加工中，综合件的加工是否需要掉头加工？如果需要，掉头后加工还需要进行二次对刀吗？为什么？

3. 通过模拟仿真软件的程序模拟功能，检验综合件加工的各个程序，并说明检验各程序的方法及步骤。

二、 综合件模拟加工

1. 将编制好的零件程序调入仿真加工软件，运行程序进行自动加工，观察仿真加工的刀具运行轨迹是否符合皮带轮的数控加工要求？将结果记录下来。

2. 在综合件的模拟仿真加工过程中，如何保证零件的几何精度？

3. 根据综合件在模拟仿真加工过程中的各项记录，分析综合件零件的加工合理性，将分析结果及改进措施填入表 6－2－1。

表 6－2－1

出现问题	出现问题原因	改进措施及方法	备注
问题 1			
问题 2			
问题 3			
问题 4			
问题 5			
问题 6			
问题 7			
问题 8			
问题 9			

4. 综合件加工完毕后，通过仿真软件内自带的检测工具测量，如果发现综合件的沟槽尺寸一面大一面小，分析产生原因。

5. 如果在加工过程中出现螺纹乱牙现象，分析产生原因并提出改进措施。

6. 综合件加工过程中，刀具选择、吃刀量选择对加工结果有哪些影响？

学习活动 3　综合件的模拟检验

学习目标

1. 能够熟练使用模拟软件中的检测工具。
2. 能够对综合件进行零件尺寸的模拟检验。
3. 能够根据模拟检测结果，分析并完善加工程序。

学习过程

一、明确测量要素

认真分析零件图纸（图 6－0－1），明确综合件零件上有哪些关键尺寸需要进行测量？为什么？

二、 测量几何要素

1. 在综合件加工完毕以后，直径尺寸 $\phi25\pm0.02$mm 模拟检测结果为 $\phi25+0.05$mm，比对零件图纸，分析该尺寸加工是否合格？如果不合格，分析造成零件尺寸不合格的原因，提出下次加工过程中避免不合格因素的方法，并记录测量结果。

2. 在综合件加工完毕以后，沟槽角度 $34°$，模拟检测结果为 $35°$，比对零件图纸，分析该尺寸加工是否合格？如果不合格，分析造成零件尺寸不合格的原因，提出下次加工过程中避免不合格因素的方法，并记录测量结果。

3. 在综合件加工完毕以后，长度尺寸 30 ± 0.05mm，模拟检测结果为 $35-0.06$mm。比对零件图纸，分析该尺寸加工是否合格？如果不合格，分析造成零件尺寸不合格的原因，提出下次加工过程中避免不合格因素的方法，并记录测量结果。

4. 在综合件加工完毕以后，用螺纹环规检查螺纹，发现止规通过，分析螺纹加工是否合格？如果不合格，分析造成零件尺寸不合格的原因，提出下次加工过程中避免不合格因素的方法，并记录测量结果。

5. 在零件的真实加工过程中，你会使用哪些测量工具对综合件进行检测？将所选用的测量工具类别及用法填入表 6-3-1。

表 6-3-1

测量部位	测量工具	用法	注意事项	备注

6. 在综合件的模拟检验过程中需不需要特制的测量工具？如果需要，说明为什么？

7. 根据加工中出现的问题，结合实际提出修改的工艺方案及措施。

学习活动 4　学习成果展示与总结评价

💬 学习目标

1. 能够讨论分析综合件产生加工缺陷原因及改进措施。

2. 能够描述在综合件模拟仿真加工过程中学到的编程知识与技能。

3. 能够总结并分析在综合件的模拟仿真加工过程中所收获的经验与不足。

4. 能够在小组及全班面前进行综合件模拟仿真加工的成果展示。

🛋 学习过程

一、自我评价

1. 根据综合件零件模拟加工结果，进行自我分析，填写表6—4—1。分析综合件零件在加工过程中出现的不合理原因，并提出相应改进意见，将结果填入表6—2。

表 6—4—1

工件编号		技术要求	配分（分）	总得分		
项目	序号			评分标准	检测记录	得分（分）
软件操作（20%）	1	正确开启机床、检测	4	不正确、不合理无分		
	2	机床返回参考点	4	不正确、不合理无分		
	3	程序的输入及修改	4	不正确、不合理无分		
	4	程序空运行轨迹检查	4	不正确、不合理无分		
	5	对刀的方式、方法	4	不正确、不合理无分		

续表

工件编号		技术要求	配分 (分)	总得分		
项目	序号			评分标准	检测记录	得分(分)
程序与工艺 (20%)	6	程序格式规范	4	不合格每处扣1分		
	7	程序正确、完整	8	不合格每处扣2分		
	8	工艺合理	8	不合格每处扣2分		
零件质量 (50%)	9	$\phi21\pm0.02$mm	5	超差不得分		
	10	$\phi25\pm0.02$mm	5	超差不得分		
	11	$\phi30\pm0.02$mm	5	超差不得分		
	12	35 ± 0.05mm	5	超差不得分		
	13	M20 螺纹	10	超差不得分		
	14	1:10 锥度	10	超差不得分		
	15	34°槽	5	超差不得分		
		$Ra0.8\mu$m	5	超差不得分		
安全文明生产 (10%)	21	安全操作	5	不按安全操作规程操作全扣分		
	22	机床清理	5	不合格全扣分		
总配分			100			

表6—4—2

不合格项目	产生原因	修改意见

2. 通过综合件零件的数控模拟加工，你学到了哪些知识？

3. 说明斐克数控仿真加工软件对综合件的模拟加工有什么帮助？

二、 小组互评

填写任务过程评价互评表，见表6—4—3。

表 6—4—3

评价项目及标准		配分（分）	等级评定			
			A	B	C	D
职业能力	1. 零件图纸分析	10				
	2. 测量工具熟悉	10				
	3. 仿真软件熟悉	10				
	4. 程序指令熟悉	5				
	5. 程序编制情况	5				
	6. 模拟检验情况	10				
	7. 问题分析及自我总结	10				
职业素养	1. 出勤情况，遵守纪律情况	5				
	2. 遵守安全操作规程	5				
	3. 能否有效沟通，使用基本的文明用语	5				
	4. 有无安全意识	5				
	5. 是否主动参与卫生清扫和保护环境	5				
职业素养	6. 能与组员主动交流、积极合作	5				
	7. 能否自我学习及自我管理	5				
	8. 工作场所整理达标	5				
简要评述		学习建议				

等级评定：

A：优（得分/配分＞90％）；

B：好（得分/配分＞80％）；

C：一般（得分/配分＞60％）；

D：有待提高（得分/配分＜60％）。

三、　现场整理与成果展示

1. 整理工作场地，按 7S 管理要求对工作场地进行打扫，将清扫过程中出现的问题进行记录，然后进行小组研讨，提出合理化建议。

2. 进行小组成果展示（PPT）。

四、综合评价

填写综合件零件加工综合评价表，见表6—4—4。

表6—4—4

班级：_____姓名：_____学号：_____　　　　年　月　日

项目	自我评价			小组评价			教师评价		
	9～10	6～8	1～5	9～10	6～8	1～5	9～10	6～8	1～5
	占总评10%			占总评30%			占总评60%		
学习活动1									
学习活动2									
学习活动3									
学习活动4									
表达能力									
协作精神									
纪律观念									
工作态度									
分析能力									
操作规范性									
任务总体表现									
小计									
总评									

任课教师：　　　年　月　日

附录 A 数控技术常用术语

为了方便读者阅读相关数控资料和国外数控产品的相关手册，在此选择了常用的数控词汇及其英语单词。所选用的数控术语主要参考国际标准 ISO 2806 和中华人民共和国国家标准 GB 8129—87，并包括近年新出现的一些数控词汇。

（1）计算机数值控制（Computerized Numerical Control，CNC）：用计算机控制加工功能，实现数值控制。

（2）轴（Axis）：机床部件作直线移动或旋转运动的基准方向。

（3）机床坐标系（Machine Coordinate System）：固定于机床上，以机床零点为基准的笛卡儿坐标系。

（4）机床坐标原点（Machine Coordinate Origin）：机床坐标系的原点。

（5）工件坐标系（Work-Piece Coordinate System）：固定于工件上的笛卡儿坐标系。

（6）工件坐标原点（Work-Piece Coordinate Origin）：工件坐标系的原点。

（7）机床零点（Machine Zero）：由机床制造商规定的机床原点。

（8）机床的参考位置（Machine Tool Reference Position）：机床启动用的沿着坐标轴上的一个固定点，它可以机床坐标原点为参考基准。

（9）绝对坐标值（Absolute Coordinate）/绝对尺寸（Absolute Dimension）：距一坐标系原点的直线距离或角度。

（10）增量坐标值（Incremental Coordinate）/增量尺寸（Incremental Dimension）：在一序列点的增量中，各点距前一点的距离或角度值。

（11）最小输入增量（Least Input Increment）：在加工程序中可以输入的最小增量单位。

（12）最小命令增量（Least Command Increment）：从数控装置发出的命令坐标轴移动的最小位移增量。

（13）插补（Intepolation）：在所需的路径或轮廓线上的两个已知点之间，根据某一数学函数（如直线、圆弧或高阶函数）确定其多个中间点的位置坐标值的运算过程。

（14）直线插补（Line Inter polation）：一种插补方式。在此方式中，两端点间的插补沿着直线的点群来逼近，沿此直线控制刀具的运动。

（15）圆弧插补（Circular Interpolation）：一种插补方式。在此方式中，根据两端点间的插补数字信息计算出逼近实际圆弧的点群，控制刀具沿这些点运动，加工出圆弧曲线。

（16）顺时针圆弧（Clockwise Arc）：刀具参考点围绕轨迹中心，按负角度方向旋转所形成的轨迹。

（17）逆时针圆弧（Counter Clockwise Arc）：刀具参考点围绕轨迹中心，按正角度方向旋转所形成的轨迹。

（18）手工零件编程（Manual Part Programming）：手工进行零件加工程序的编制。

（19）自动编程（Automatic Programming）：利用计算机和专用软件编制加工程序。

（20）绝对编程（Absolute Programming）：用表示绝对尺寸的控制字进行编程。

（21）增量编程（Increment Programming）：用表示增量尺寸的控制字进行编程。

（22）字符（Character）：用于表示数据或控制数据的一组元素

符号。

（23）控制字符（Control Character）：出现于特定的信息文本中，表示某一控制功能的字符。

（24）地址（Address）：以一个控制字开始的字符或一组字符，用来辨认其后的数据。

（25）程序段格式（Block Format）：字、字符和数据在一个程序段中的安排。

（26）指令码（Instruction Code）/机器码（Machine Code）：计算机指令代码，机器语言，用来表示指令集中的指令的代码。

（27）程序号（Program Number）：为每一加工程序的前端指定的编号。

（28）程序名（Program Name）：为每一加工程序指定的名称。

（29）指令方式（Command Mode）：指令的工作方式。

（30）程序段（Block）：程序中为了实现一种操作的一组指令集合。

（31）零件程序（Part Program）：在自动加工中，为了使自动操作有效，按某种语言或某种格式书写的顺序指令集。零件程序是写在输入介质上的加工程序，也可以是为计算机准备的输入经处理后得到的加工程序。

（32）加工程序（Machine Program）：在自动加工控制系统中，按自动控制语言和格式书写的顺序指令集。这些指令记录在适当的输入介质上，完全能实现直接的操作。

（33）程序结束（End of Program）：指工件加工结束的辅助功能。

（34）数据结束（End of Data）：程序段的所有命令执行完后，使主轴功能和其他功能（如冷却功能）均被删除的辅助功能。

（35）准备功能（Preparatory Function）：使机床或控制系统建立加工功能方式的命令。

（36）辅助功能（Miscellaneous Function）：控制机床或系统的

开关功能的一种命令。

（37）刀具功能（Tool Function）：依据相应的格式规范、识别或调入刀具及与之有关功能的技术说明。

（38）进给功能（Feed Funotion）：定义进给速度技术规范的命令。

（39）主轴速度功能（Spindle Speed Function）：定义主轴速度技术规范的命令。

（40）进给保持（Feed Hold）：在加工程序执行期间，暂时中断进给的功能。

（41）刀具轨迹（Tool Path）：切削刀具上规定点所走过的轨迹。

（42）零点偏置（Zero Offs et）：数控系统的一种特征。它容许数控测量系统的原点在指定范围内相对于机床零点移动，但其永久零点则存在于数控系统中。

（43）刀具偏置（Tool Offset）：在一个加工程序的全部或指定部分，施加于机床坐标轴上的相对位移。该轴的位移方向由偏置值的正负来确定。

（44）刀具长度偏置（Tool Length Offset）：在刀具长度方向上的偏置。

（45）刀具半径偏置（Tool Radius Offset）：在两个坐标方向的刀具偏置。

（46）刀具半径补偿（Cutter Compensation）：垂直于刀具轨迹的位移，用来修正实际的刀具半径与编程的刀具半径的差异。

（47）刀具轨迹进给速度（Tool Path Feed-Rate）：刀具上的基准点沿着刀具轨迹相对于工件移动时的速度，通常用每分钟或每转的移动量来表示。

（48）固定循环（Fixed Cycle）：预先设定的一些操作命令，根据这些操作命令使机床坐标轴运动、主轴工作，从而完成固定的加工动作。例如，钻孔、攻丝以及这些加工的复合动作。

（49）子程序（SubProgram）：加工程序的一部分。子程序可由适当的加工控制命令调用而生效。

（50）工序单（Planning Sheet）：在编制零件的加工工序前为其准备的零件加工过程表。

（51）执行程序（Executive Program）：在 CNC 系统中，建立运行能力的指令集合。

（52）进给倍率（Feed-rale Override）：能修正进给率的一种设施。

（53）伺服机构（Servo Mechanism）：一种伺服系统。其中被控量为机械位置或机械位置对时间的导数。

（54）误差（Error）：计算值、观察值或实际值与真值、给定值或理论值之差。

（55）分辨率（Resolution）：两个相邻的离散量之间可以分辨的最小间隔。

附录 B 数控机床安全操作规程

1. 进入数控实训场地后，应服从安排，不得擅自启动或操作车床数控系统。

2. 按规定穿戴好劳动保护用品。

3. 不准穿高跟鞋、拖鞋上岗，不允许戴手套和围巾进行操作。

4. 开机床前，应该仔细检查车床各部分机构是否完好，各传动手柄、变速手柄的位置是否正确，还应按要求认真对数控机床进行润滑保养。

5. 操作数控系统面板时，对各按键及开关的操作不得用力过猛，更不允许用扳手或其他工具进行操作。

6. 完成对刀后，要做模拟换刀试验，以防止正式操作时发生撞坏刀具、工件或设备等事故。

7. 在数控车削过程中，因观察加工过程的时间多于操作时间，所以一定要选择好操作者的观察位置，不允许随意离开实训岗位，以确保安全。

8. 操作数控系统面板及操作数控机床时，严禁两人同时操作。

9. 自动运行加工时，操作者应集中思想，左（右）手手指应放在程序停止按钮上，眼睛观察刀尖运动情况，右（左）手控制修调开关，控制机床拖板运行速率，发现问题及时按下程序停止按钮，以确保刀具和数控机床安全，防止各类事故发生。

10. 实训结束时，除了按规定保养数控机床外，还应认真做好交接班工作，必要时应做好文字记录。

附录 C 数控车床操作主要步骤

1. 开机，回参考点。

2. 正确、合理地输入程序。

3. 按对刀方法进行正确对刀并进行对刀精确性检查和调整。

4. 选择所需要加工的程序名。

5. 将车刀移至安全位置（车刀刀尖离工件端面 100～150mm）。

6. 按自动加工键（ROV）、程序控制软键，调整、选择"空运行（DRY）""程序测试有效（PRT）"，按程序启动键进行程序测试。主菜单画面要确认是否已经选中 ROV、DRY、PRT。

7. 观察程序检测过程是否有报警，若有，则进行调整；若没有，则继续进行后续的操作。

8. 按程序控制软键，去除"程序测试有效（PRT）"。

9. 在所测试程序的第一程序段中加入 G54 指令并在零点偏移 G54 参数 Z 位置输入加工零件总长的 1.5 倍数值。

10. 按程序启动键进行"空运行"测试。观察刀具运行轨迹是否正确、合理，若不正确则进行调整。

11. 去除"空运行（DRY）"，在主菜单画面必须确认是否已经去除。

12. 去除第一程序段中加入的 G54 指令。

13. 按单步运行键（S BL）（操作熟练后可不进行）。

14. 仔细核对程序名是否正确，仔细核对运行模式是否正确。

15. 按程序启动键进行零件加工。这时，操作者注意：眼睛注意车刀运行轨迹，左手手指放在 NC 停止键上，右手控制修调开关。若有不正常情况应及时按下 NC 停止键。

附录 D　数控机床操作加工注意事项

一、　数控车床程序输入阶段

1. 程序输入应正确，避免字母、数字和符号的输入错误。

2. 程序输入应符合系统格式。

二、　数控车床零件加工操作准备阶段

1. 检查数控系统是否已回参考点。

2. 安装车刀，确认车刀安装的刀位和程序中编程所需的刀号一致。

3. 对刀（应将零件端面和外圆用车刀手动加工一刀）。

4. 车刀对刀完毕后，应确认对刀的正确性，确认精车刀对刀的精确性。

5. 将车刀移至安全位置，选择程序"空运行"（DRY）和"程序测试有效"（P RT）。

6. 关闭"空运行"（DRY）和"程序测试有效"（PRT），确认是否已经关闭。

三、　数控车床零件加工操作阶段

1. 仔细检查和确认是否符合自动加工运行模式。

2. 掌握倍率修调开关的运用方法并灵活运用。在程序启动以前、程序运行中间停止以及其他特殊情况下，都应把倍率修调开关拨为零，以便观察和安全操作。

3. 若使用零点偏移 G54 参数，应确认所设参数数值是否正确，程序是否相对应。

4. 零件经过粗加工和半精加工后，正确测量各级尺寸（此时按手动键）。

5. 将所测量的尺寸确定合理的数值，调整 G54 参数 X 的值进行数据补偿。

6. 按自动加工键，搜索到需要加工的程序段，按二次程序启动键继续加工。

7. 切削参数选择见表 D-1。

表 D-1

加工方式	转速 (r/min)	切消深度 (mm)	进给率 (mm/r)	备注
手动加工	450	0.5～1	修调开关控制	
自动加工（粗车）	450	1.5～2	0.10	
自动加工（精车）	1000	0.20～0.25		0.1
自动加工（精车切槽）	350		0.05	
自动加工（圆弧）	1000		0.05	
自动消螺纹（粗精车）	1000		0.05	

四、 数控车床零件加工结束阶段

1. 加工结束后，检查各级尺寸，去毛刺等。

2. 若有个别尺寸比要求尺寸大，已无法采用程序操作进行加工，此时可采用 MDA 方式单段输入进行操作加工，或用手动方式结合增量操作键进行操作加工（手动方式仅限于加工外圆和内孔）。

附录 E　FANUC 系统编程参考流程

一、程序原点

（1）在程序开发开始之前必须决定坐标系和程序的原点。

（2）通常把程序原点确定为便于程序开发和加工的点。

（3）在多数情况下，把 Z 轴与 X 轴的交点设置为程序原点。

二、坐标原点

1. 机床坐标系

这个坐标系用一个固定的机床的点作为其原点。在执行返回原点操作时，机床移动到此机床原点。

2. 绝对坐标系

用户能够建立此坐标系。它的原点可以设置在任意位置，而它的原点以机床坐标值显示。

3. 相对坐标系

这个坐标系把当前的机床位置当作原点，在此需要以相对值指定机床位置时使用。

4. 剩余移动距离

此功能不属于坐标系。它仅仅显示移动命令发出后目的位置与当前机床位置之间的距离。仅当各轴的剩余距离都为零时，这个移动命令才完成。

三、设置坐标系

开发程序首先要决定坐标系。程序原点与刀具起点之间的关系构成坐标系；这个关系应当随着程序的执行输入给 NC 机床，这个过程能够用 G50 命令来实现。

在切削进程开始时，刀具应当在指定的位置；由于上面所述设置原点的过程已经完成，工件坐标系和刀具起始位置就定了；刀具更换也在这个被叫为起点的位置操作。

四、 绝对/增量 坐标系编程

NC 车床有两个控制轴；对这种 2 轴系统有两种编程方法：绝对坐标命令方法和增量坐标命令方法。此外，这些方法能够被结合在一个指令里。对于 X 轴和 Z 轴寻址所要求的增量指令是 U 和 W。

（1）绝对坐标程序——X40. Z5. ；

（2）增量坐标程序——U20. W－40. ；

（3）混合坐标程序——X40. W－40. ；

五、 G 代码命令

1. 代码组及其含义

"模态代码"和"一般 代码"。"模态代码"的功能在它被执行后可继续维持，而"一般代码"仅仅在收到该命令时起作用。定义移动的代码通常是"模态代码"，如直线、圆弧和循环代码；反之，如原点返回代码称为"一般代码"。

每一个代码都归属其各自的代码组。在"模态代码"里，当前的代码会被加载的同组代码替换。

2. 代码解释（表 E－1）

表 E－1

G 代码	组别	解释
G00		定位（快速移动）
G01		直线插补
G02		顺时针切圆弧插补（CW，顺时钟）
G03		逆时针切圆弧插补（CCW，逆时钟）
G04		暂停（Dwell）
G09	0	停于精确的位置
G20		英制输入

G 代码	组别	解释
G21	06	公制输入
G22		内部行程限位有效
G23	04	内部行程限位无效
G27		检查参考点返回
G28		参考点返回
G29	00	从参考点返回
G30		回到第二参考点
G32		切螺纹
G40	01	取消刀尖半径偏置
G41		刀尖半径偏置（左侧）
G42	07	刀尖半径偏置（右侧）
G50		修改工件坐标；设置主轴最大的 RPM
G52		设置局部坐标系
G53	00	选择机床坐标系
G70		精加工循环
G71		内外径粗切循环
G72		台阶粗切循环
G73		成形重复循环
G74	00	Z 向步进钻削
G75		X 向切槽
G76		切螺纹循环
G80		取消固定循环

G 代码	组别	解释
G83		钻孔循环
G84		攻丝循环
G85		正面镗孔循环
G87	10	侧面钻孔循环
G88		侧面攻丝循环
G89		侧面镗孔循环
G90		（内外直径）切削循环
G92		切螺纹循环
G94	01	（台阶）切削循环
G96		线速度控制
G97		线速度控制取消
G98	12	每分钟进给率
G99	05	每转进给率

六、 辅助功能（M 功能）

辅助功能包括各种支持机床操作的功能，如主轴的启停、程序停止和切削液节门开关等，见表 E—2。

表 E—2

M 代码	说明
M00	程序停
M01	选择停止
M02	程序结束（复位）
M03	主轴正转（CW）
M04	主轴反转（CCW）
M05	主轴停

M 代码	说明
M08	切削液开
M09	切削液关
M40	主轴齿轮在中间位置
M41	主轴齿轮在低速位置
M42	主轴齿轮在高速位置
M68	液压卡盘夹紧
M69	液压卡盘松开
M78	尾架前进
M79	尾架后退
M98	子程序调用
M99	子程序结束